024

U0965803

上海市新材料协会团体标准合订本

（第一分册　先进高分子材料）

上海市新材料协会　汇编

華東理工大學出版社
EAST CHINA UNIVERSITY OF SCIENCE AND TECHNOLOGY PRESS
·上海·

图书在版编目（CIP）数据

上海市新材料协会团体标准合订本 / 上海市新材料协会汇编. -- 上海 : 华东理工大学出版社, 2025. 6.

ISBN 978-7-5628-7857-5

Ⅰ. TB3-65

中国国家版本馆 CIP 数据核字第 2025SS7633 号

项目统筹 / 马夫娇　韩　婷
责任编辑 / 韩　婷
责任校对 / 陈婉毓
装帧设计 / 徐　蓉
出版发行 / 华东理工大学出版社有限公司
地址：上海市梅陇路 130 号，200237
电话：021－64250306
网址：www.ecustpress.cn
邮箱：zongbianban@ecustpress.cn
印　　刷 / 上海邦达彩色包装印务有限公司
开　　本 / 890 mm×1240 mm　1/16
印　　张 / 18.25
字　　数 / 539 千字
版　　次 / 2025 年 6 月第 1 版
印　　次 / 2025 年 6 月第 1 次
定　　价 / 298.00 元（全 4 册）

前　言

上海市新材料协会是经上海市民政局批准，于2000年成立的中国首家以新材料命名的行业协会。会员包括央企、国企、民企、跨国公司、大学、研究院所及第三方机构，专业涵盖金属材料、高分子材料、无机材料、复合材料、材料加工及前沿新材料等领域，是一家跨行业、跨专业和跨地域的上海市级社会组织。

上海市新材料协会以“服务企业、规范行业、发展产业”为宗旨，设有上海市新材料战略咨询专家委员会、上海市新材料知识产权维权援助工作站、上海市新材料产业高技能人才培养基地、上海新材料产业基金联盟、上海膜材料产业发展联盟、上海新材料产业数字引擎联盟等机构，并建有抗菌防疫新材料、可降解材料及循环利用技术、新材料检测和标准化等全国性的专业委员会，是上海市新材料领域团体标准化试点单位。

上海市新材料协会严格执行国家标准化管理委员会、民政部共同发布的《团体标准管理规定》以及上海市市场监督管理局、上海市民政局发布的《上海市实施〈团体标准管理规定〉办法》，按照开放、公平、透明的原则组织开展团体标准的编制、评审、发布、复审等工作，始终把制定团体标准作为服务新材料产业高质量发展的一项重要工作。通过组织制定新材料各专业细分领域的团体标准，树立新材料行业产品质量标杆，推动企业技术创新和科研成果及时向技术标准转化，推进新材料产业的标准化建设工作。

标准决定质量，标准划分市场，谁制定标准谁就有话语权。团体标准是标准体系的重要组成部分，与国家标准相比，具有制定快、发布快、实施快的特点。团体标准在保障产品质量安全、促进产业转型升级、推动经济提质增效和服务对外贸易等方面发挥着越来越重要的作用。

2018年以来，上海市新材料协会在上海市市场监督管理局和徐汇区市场监督管理局的指导下，在协会理事会的领导下，逐步完善了标准化管理组织机构和管理制度，整合了新材料产业标准化资源，围绕市场需求和新材料产业高质量发展的要求，先后组织编制、审查、发布和实施了26项团体标准。为满足上海市新材料产业企事业单位及上下游产业链相关单位对材料标准的需求，现决定按专业分为四个分册出版发行合订本。

第一分册为先进高分子材料分册，汇集了13项团体标准。

第二分册为先进无机和非金属材料分册，包含5项团体标准。

第三分册为新能源电池材料分册，包含4项团体标准。

第四分册为新材料中试基地管理分册，包含4项团体标准。

上海市新材料协会

2025年1月9日

目　　录

1. T/XCLC 0001—2018《除尘器用塑烧过滤板》…… 1

2. T/SHXCL 00001—2019《聚乳酸改性材料　生物基含量的计算》…… 11

3. T/SHXCL 0002—2019《纳米级水性窄分子量分布丙烯酸酯树脂》…… 19

4. T/SHXCL 0005—2020《绿色设计产品评价技术规范　超高分子量聚乙烯树脂》…… 25

5. T/SHXCL 0004—2021《无纺布/聚氨酯复合抛光垫》…… 41

6. T/SHXCL 0009—2021《生物降解聚对苯二甲酸-己二酸丁二醇酯树脂(PBAT)》…… 51

7. T/SHXCL 0014—2022《聚乙烯基吡咯烷酮碘络合物(PVP－I)》…… 59

8. T/SHXCL 0015—2022《乙烯基吡咯烷酮-乙酸乙烯酯共聚物(PVP－VA)》…… 69

9. T/SHXCL 0016—2022《乙烯基吡咯烷酮交联聚合物(PVP－P)》…… 79

10. T/SHXCL 0017—2022《人工关节用超高分子量聚乙烯(PE－UHMW)树脂》…… 91

11. T/SHXCL 0018—2023《低碳可循环聚丙烯中空箱》…… 99

12. T/SHXCL 0022—2024《汽车仪表板横梁用复合材料》…… 111

13. T/SHXCL 0008—2021《乙烯法聚氯乙烯副产氯代烃》…… 117

ICS 83.140.01
G 33

团 体 标 准

T/XCLC 0001—2018

除尘器用塑烧过滤板

Sintered plastic filter plate for dust collectors

2018－06－20 发布 2018－07－20 实施

上海市新材料协会 发布

前　言

本标准按照 GB/T 1.1—2009 的规定起草。

本标准在原 T31/04002-C001—2014《除尘器用塑烧过滤板》的基础上修订而成。

本标准主要作了以下修改：

——表 2 中的压力损失由≤2 000 Pa 改为≤1 200 Pa。

——修改第 8.4 条款产品贮存。

本标准由上海超高工程塑料有限公司提出并起草；

本标准由上海市新材料协会归口。

本标准起草单位：上海超高工程塑料有限公司、上海固得瀚洋节能机械有限公司、上海市新材料协会。

本标准主要起草人：张勇、吕家申、刘洋。

本标准于 2014 年 7 月 18 日首次发布，并于 2018 年 6 月 12 日第一次修订。

除尘器用塑烧过滤板

1 范围

本标准规定了除尘器用塑烧过滤板(以下简称塑烧板)的术语和定义、分类和型号、要求、试验方法、检验规则、标志、包装、运输和贮存。

本标准适用于以高分子化合物粉末为主体与特种助剂组成,经铸型、烧结形成具有多微孔的塑烧板。该产品主要用作板式除尘器过滤元件,使用温度为 80 ℃和 120 ℃。

2 规范性引用文件

下列文件对于本文件的应用是必不可少的。凡是注日期的引用文件,仅注日期的版本适用于本文件。凡是不注日期的引用文件,其最新版本(包括所有的修改单)适用于本文件。

GB/T 1040.2—2006 塑料 拉伸性能的测定 第 2 部分:模塑和挤塑塑料的试验条件

GB/T 1633—2000 热塑性塑料维卡软化温度(VST)的测定

GB/T 1843—2008 塑料 悬臂梁冲击强度的测定

GB/T 9341—2008 塑料 弯曲性能的测定

3 术语和定义

下列术语和定义适用于本标准。

3.1

塑烧板 sintered plastic filter plate

在板式除尘器中起滤尘作用的过滤元件,单位为块。

3.2

过滤面积 filter area

起滤尘作用的塑烧板有效面积,单位为 m^2。

3.3

压力损失(塑烧板阻力) pressure loss

气体通过塑烧板的流动阻力,即塑烧板入口与出口处气流的平均全压之差,单位为 Pa。

3.4

入口粉尘浓度 entrance dust concentration

入口含尘气体的单位标态体积中所含固体颗粒的质量,单位为 mg/m^3。

3.5

出口粉尘浓度 outlet dust concentration

出口含尘气体的单位标态体积中所含固体颗粒的质量,单位为 mg/m^3。

4 分类和型号

4.1 分类

根据塑烧板的规格分为1000型和500型，对应的有效过滤面积分别为8 m^2和4.5 m^2。

4.2 型号

塑烧板型号由代号、温度和规格组成。

示例：SSB-80-1000

型号中各要素的含义如下：

SSB——塑烧板；

80——使用温度为80 ℃；

1000——塑烧板规格。

5 要求

5.1 外形尺寸及公差

5.1.1 塑烧板呈长方形，断面为波浪形，见图1。

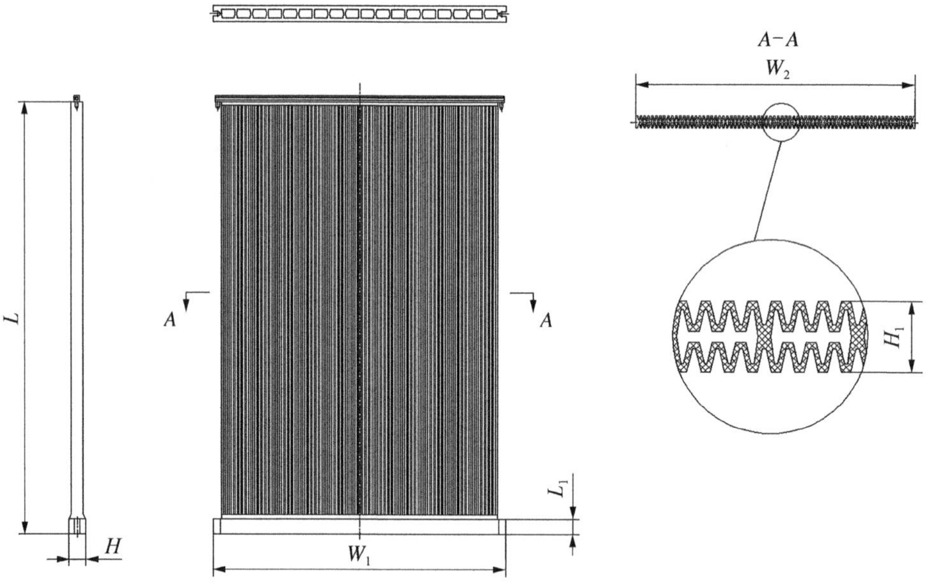

图1 塑烧板外形尺寸图

5.1.2 塑烧板的外形尺寸及公差应符合表1的规定。

表1 外形尺寸及公差

规格	尺寸											
	L /mm	ΔL /mm	L_1 /mm	ΔL_1 /mm	W_1 /mm	ΔW_1 /mm	W_2 /mm	ΔW_2 /mm	H /mm	ΔH /mm	H_1 /mm	ΔH_1 /mm
1000型	1 560	±2	55	±1	1 060	±2	1 000	±1	62	±1	42	±1
500型	1 470	±2	38	±1	563	±2	485	±1	80	±1	50	±1

5.2 外观

5.2.1 塑烧板颜色为类白色，色泽均匀，其他颜色由供需双方商定。

5.2.2 塑烧板表面应光滑，不允许存在裂纹、气泡。

5.3 性能

塑烧板的性能应符合表2的规定。

表2 性能

项目			指标
拉伸强度/MPa		≥	7
断裂伸长率/%		≥	7
冲击强度(缺口)/(kJ/m^2)		≥	6
弯曲强度/MPa		≥	7
维卡耐热(1 kg,50 ℃/h)/℃	常温型	≥	80
	高温型	≥	120
压力损失/Pa		≤	1 200
除尘率/%		≥	99

6 试验方法

6.1 外形尺寸及公差

用精度为0.02 mm的游标卡尺及精度为1 mm的钢直尺进行测量。

6.2 外观

用目视和手感进行检查。

6.3 拉伸强度、断裂伸长率的测定

按GB/T 1040.2—2006的规定进行测定，其中试样为1A型，厚度为4.0 mm±0.1 mm。

6.4 冲击强度的测定

按GB/T 1843—2008的规定进行测定，其中试样为板材，厚度为4.0 mm±0.1 mm，缺口为A型。

6.5 弯曲强度的测定

按GB/T 9341—2008的规定进行测定，其中试样为板材，厚度为4.0 mm±0.1 mm。

6.6 维卡耐热试验

按GB/T 1633—2000的规定进行测定，其中试样为厚3.0 mm～6.5 mm、边长10 mm的正方形或直径10 mm的圆形，表面平整、平行、无飞边。

6.7 压力损失测定

按附录A的规定进行。

6.8　除尘率的测定

按附录 B 的规定进行。

7　检验规则

7.1　检验分类

检验分为出厂检验和型式检验。

7.1.1　**出厂检验**

按下列项目进行逐块检验：外形尺寸、外观、压力损失。

7.1.2　**型式检验**

在下列情况下，需做型式检验，型式检验项目为本标准规定的所有项目。

7.1.2.1　新产品试制；

7.1.2.2　当生产原材料、工艺有重大变更时，可能影响产品性能时；

7.1.2.3　正常生产，每年进行一次。

7.2　取样

从实样中随机取样三块。

7.3　判定规则

7.3.1　**出厂检验**

检验结果均符合本标准要求时，判出厂检验为合格，反之为不合格

7.3.2　**型式检验**

检验结果均符合本标准要求时，判型式检验为合格，反之为不合格。

8　标志、包装、运输和贮存

8.1　标志

产品标志包括：制造厂名、厂址、产品名称、型号、规格及外形尺寸、数量、制造日期或生产批号；产品执行标准号。

8.2　包装

产品包装由内包装和外包装组成，内包装用塑料袋和泡沫塑料盒，每个内包装装一个产品，外包装用木箱，每箱六只。

8.3　运输

产品在装运时，应防止机械损伤，避免日晒雨淋，应堆放整齐、小心轻放，切勿抛丢。

8.4　贮存

产品应贮存在环境温度不超过 28 ℃、相对湿度不大于 80%的条件下；避免阳光照射，距热源不少于 1 m；避免酸、碱等有害物质的侵蚀；避免酮类、酯类等溶剂的侵蚀；堆放不应超过三层，且离地高度不低于 0.3 m；应在通风良好的库房内贮存。

附　录　A

(规范性附录)

压力损失试验方法

A.1　装置

压力损失试验在下列专用装置上进行,见图 A.1。

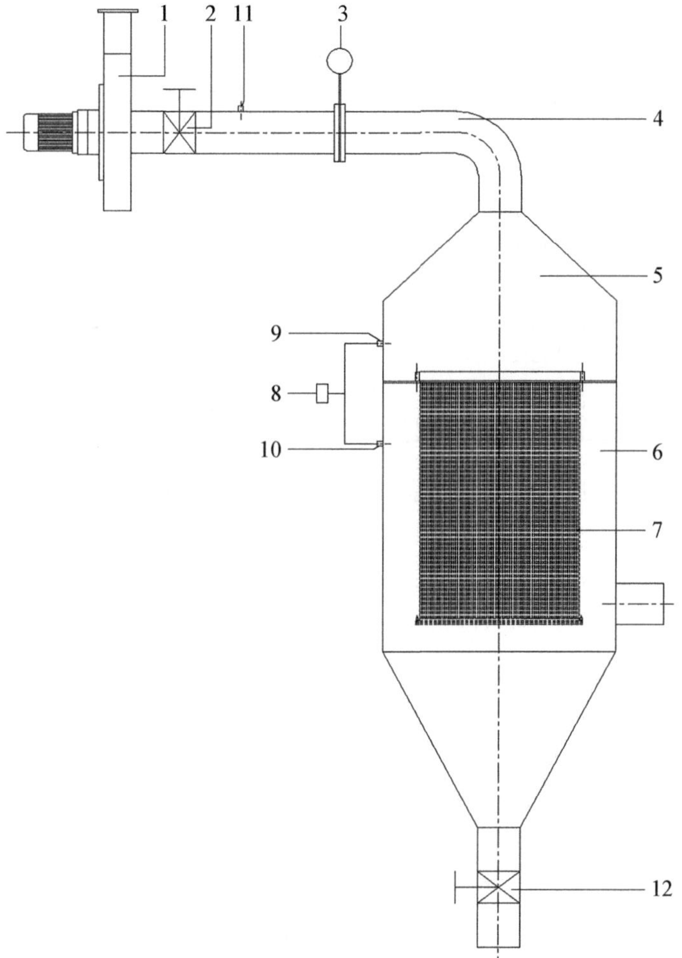

图 A.1　压力损失试验装置示意图

标引序号说明:

1——风机;
2——调节阀;
3——孔板流量计;
4——管道;
5——均压箱;
6——进气箱;
7——塑烧板;
8——微压计;
9——测点;
10——测点;
11——取样孔;
12——阀门(常闭)。

A.2 测定步骤

A.2.1 安装塑烧板 7。

A.2.2 开动风机 1。

A.2.3 调整调节阀 2,控制流速使孔板流量计 3 读出风量为 5 组固定值 V_1、V_2、V_3、V_4、V_5。

A.2.4 检查测点 9 和测点 10,通过与其连接的微压计 8 直接读出压力损失 Δp 的数值。

A.2.5 空气温度在进气箱 6 进口端直接用温度计读出。

A.3 试验结果

试验结果取五个 Δp 的算术平均值。试验记录见表 A.1。

表 A.1 试验记录表

序　号	大气压/Pa	风量/(m^3/h)	压力损失 Δp/Pa
V_1	102.1	800	
V_2	102.1	900	
V_3	102.1	1 000	
V_4	102.1	1 100	
V_5	102.1	1 200	

根据表 A.1 得出的数值绘制塑烧板压力损失特性曲线图,见图 A.2。

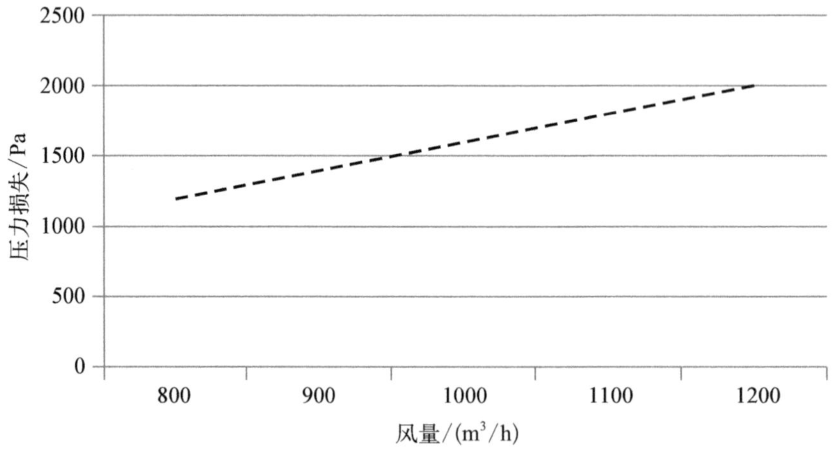

图 A.2 压力损失特性曲线图

附 录 B

(规范性附录)

除尘率试验方法

B.1 装置

除尘率试验在下列专用装置上进行,见图 B.1。

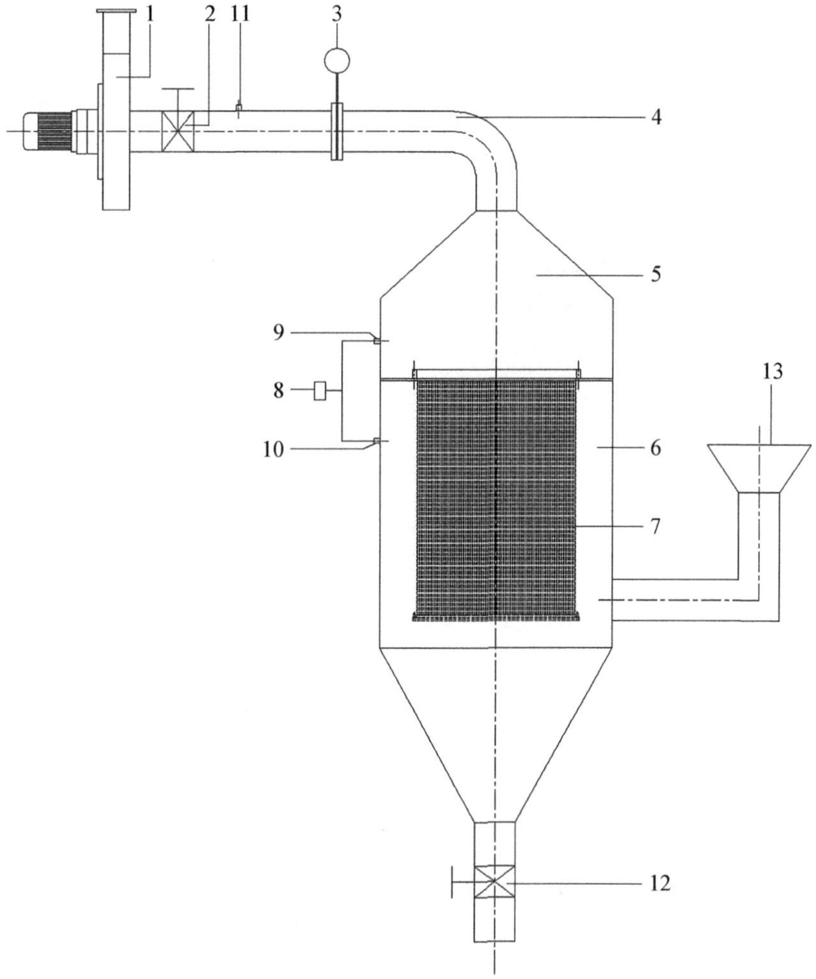

图 B.1 除尘率试验装置示意图

标引序号说明:

1——风机;

2——调节阀;

3——孔板流量计;

4——管道;

5——均压箱;

6——进气箱;

7——塑烧板;

8——微压计;

9——测点;

10——测点;

11——取样孔;

12——阀门(常闭);

13——发尘口。

B.2 测定步骤

B.2.1 安装塑烧板7。

B.2.2 开动风机1。

B.2.3 调整调节阀2,控制流速使孔板流量计3显示数据。

B.2.4 检查测点9和测点10与其连接的微压计8。

B.2.5 将粉尘浓度ΔG_m(5 g/m^{3}氧化铝试验粉尘)从发尘口13发入进气箱6箱体内,共发尘20 min。

B.2.6 在取样孔11每隔10 min测得粉尘浓度,连续测得2次得出平均粉尘浓度ΔG_f。

B.3 试验结果

塑烧板除尘率按式(B.1)计算

$$\eta_i = \frac{\Delta G_f}{\Delta G_m} \times 100 \quad \cdots\cdots (B.1)$$

式中:

η_i——塑烧板的除尘率,%;

ΔG_m——入口粉尘浓度,单位为毫克每立方米(mg/m^3);

ΔG_f——出口粉尘浓度,单位为毫克每立方米(mg/m^3)。

ICS 83.080.01
G 31

团 体 标 准

T/SHXCL 00001—2019

聚乳酸改性材料　生物基含量的计算

Poly (lactic acid) modified materials — Calculation of biobased content

2019-06-25 发布　　2019-08-30 实施

上海市新材料协会　发布

前　　言

本标准按照 GB/T 1.1—2009 的规定起草。

本标准由上海市新材料协会提出。

本标准由上海市新材料协会标准化技术委员会归口。

本标准主要起草单位：上海金发科技发展有限公司、江苏金发科技新材料有限公司、上海华逊新材料科技有限公司、同济大学附属口腔医院、上海皇宇科技发展有限公司。

本标准主要起草人：袁绍彦、杜赏、孙国安、林开利、韩立君、夏建盟。

本标准于 2019 年 6 月 25 日首次发布。

聚乳酸改性材料　生物基含量的计算

1　范围

本标准规定了聚乳酸改性材料中生物基含量的计算方法。

本标准适用于由生物基和化石基组分制造的聚乳酸改性材料及其制品，其他生物基合成聚合物材料的生物基含量计算可参照使用。

2　规范性引用文件

下列文件对于本文件的应用是必不可少的。凡是注日期的引用文件，仅注日期的版本适用于本文件。凡是不注日期的引用文件，其最新版本（包括所有的修改单）适用于本文件。

GB/T 2035　塑料术语及其定义

ISO 16620-1：2015　塑料　生物基含量　第1部分：总则

3　术语和定义

GB/T 2035 和 ISO 16620-1：2015 界定的以及下列术语和定义适用于本文件。为了便于使用，以下重复列出了 ISO 16620-1：2015 中的一些术语和定义。

3.1

生物质　biomass

生物来源的材料，不包括嵌入地质构造和/或化石的材料。

[来源：ISO 16620-1：2015，定义 3.1.2]

3.2

生物基合成聚合物　biobased synthetic polymer

通过化学和/或生物工业获得的聚合物，其全部或部分来源于生物质。

注：天然聚合物不属于生物基合成聚合物。

[来源：ISO 16620-1：2015，定义 3.1.4]

3.3

生物基合成聚合物含量　biobased synthetic polymer content

m_{BSP}

产品中生物基合成聚合物的含量。

注：产品中生物基合成聚合物含量表示为生物基合成聚合物质量与其产品总质量的分数或百分比。

[来源：ISO 16620-1：2015，定义 3.1.5]

3.4

碳含量　carbon content

组分、材料或制品中的碳含量，以质量分数表示。

［来源：ISO 16620－1：2015，定义 3.1.6］

3.5

生物基碳含量　biobased carbon content

产品中生物质的碳含量。

注：生物基碳含量用试样的质量分数表示，如总碳含量分数或总有机碳含量分数。

［来源：ISO 16620－1：2015，定义 3.1.1］

3.6

总碳　TC total carbon

试样中存在的有机碳、无机碳和元素碳形式的总碳量。

［来源：ISO 16620－1：2015，定义 3.1.9］

3.7

总有机碳　TOC total organic carbon

通过燃烧转化成二氧化碳的碳量，不包括通过酸处理释放出二氧化碳的碳量。

［来源：ISO 16620－1：2015，定义 3.1.10］

3.8

生物基物质含量　biobased mass content

m_B

产品中生物基合成聚合物、天然聚合物与生物基添加剂的总量。

注：产品中生物基物质含量用生物基合成聚合物、天然聚合物与生物基添加剂的相对产品总质量的质量分数或百分数来表示。

［来源：ISO 16620－1：2015，定义 3.1.11］

4　符号

下列符号适用于本文件。

x_B^{TC}：聚乳酸产品中生物基碳含量相对产品总碳含量的百分数。

x_B^{TOC}：聚乳酸产品中生物基碳含量相对产品总有机碳含量的百分数。

M_X：聚乳酸产品中组分 X 的碳质量。

W_X：聚乳酸产品中组分 X 的质量。

5　聚乳酸改性材料的组成

聚乳酸改性材料的组分一般可分为以下六种类型：

a）组分 A：生物基合成聚合物，如聚乳酸树脂等；

b）组分 B：化石基合成聚合物，如 PBAT 等；

c）组分 C：天然聚合物，如淀粉、纤维素、木质素或木质纤维素等；

d）组分 D：生物基有机添加剂；

e）组分 E：化石基有机添加剂；

f）组分 F：无机添加剂。

注：实际使用的聚乳酸改性材料以聚乳酸树脂为基本成分，还可包括其他类型的组分，如碳酸钙等。

6 生物基含量的计算方法

6.1 总则

按照 ISO 16620－1：2015 的规定，聚乳酸改性材料中生物基含量可以表示为生物基碳含量、生物基合成聚合物含量和生物基物质含量。

聚乳酸改性材料中的生物基合成聚合物、生物基添加剂可以完全来源于生物质（此时，简称完全生物基时），也可以部分来源于生物质（此时，简称部分生物基时）。

生物基碳含量、生物基合成聚合物含量和生物基物质含量皆以完全生物基时、部分生物基时这 2 种类型分开计算。

附录 A 给出了计算的示例。

6.2 生物基碳含量

6.2.1 x_B^{TOC}

6.2.1.1 完全生物基时 x_B^{TOC} 的计算

完全生物基时，通过式(1)计算。

$$x_B^{TOC} = 100 \times \frac{M_A + M_C + M_D}{M_A + M_B + M_C + M_D + M_E} \quad (1)$$

式中：

M_A、M_B、M_C、M_D与 M_E分别为组分 A、B、C、D 与 E 的碳质量(相对质量)。

6.2.1.2 部分生物基时 x_B^{TOC} 的计算

部分生物基时，通过式(2)计算。

$$x_B^{TOC} = 100 \times \frac{M_{A1} + M_C + M_{D1}}{M_A + M_B + M_C + M_D + M_E} \quad (2)$$

式中：

M_{A1}与 M_{D1}分别为组分 A 与 D 中的生物基碳质量(相对质量)；

M_A、M_B、M_C、M_D与 M_E分别为组分 A、B、C、D 与 E 的碳质量(相对质量)。

6.2.2 x_B^{TC}

6.2.2.1 完全生物基时 x_B^{TC} 的计算

完全生物基时，通过式(3)计算。

$$x_B^{TC} = 100 \times \frac{M_A + M_C + M_D}{M_A + M_B + M_C + M_D + M_E + M_F} \quad (3)$$

式中：

M_A、M_B、M_C、M_D、M_E与 M_F分别为组分 A、B、C、D、E 与 F 的碳质量(相对质量)。

6.2.2.2 部分生物基时 x_B^{TC} 的计算

部分生物基时，通过式(4)计算。

$$x_B^{TC} = 100 \times \frac{M_{A1} + M_C + M_{D1}}{M_A + M_B + M_C + M_D + M_E + M_F} \quad (4)$$

式中：

M_{A1}与 M_{D1}分别为组分 A 与 D 中的生物基碳质量(相对质量)；

M_A、M_B、M_C、M_D、M_E与 M_F分别为组分 A、B、C、D 与 E 的碳质量(相对质量)。

6.3 生物基合成聚合物含量 m_{BSP}

6.3.1 完全生物基时 m_{BSP}的计算

完全生物基时,通过式(5)计算。

$$m_{BSP} = 100 \times \frac{W_A}{W_A + W_B + W_C + W_D + W_E + W_F} \quad \cdots\cdots (5)$$

式中:

W_A、W_B、W_C、W_D、W_E与 W_F分别为组分 A、B、C、D、E 与 F 的质量(相对质量)。

6.3.2 部分生物基时 m_{BSP}的计算

部分生物基时,通过式(6)计算。

$$m_{BSP} = 100 \times \frac{W_{A1}}{W_A + W_B + W_C + W_D + W_E + W_F} \quad \cdots\cdots (6)$$

式中:

W_{A1}为组分 A 中的生物质的质量(相对质量);

W_A、W_B、W_C、W_D、W_E与 W_F分别为组分 A、B、C、D、E 与 F 的质量(相对质量)。

6.4 生物基物质含量 m_B

6.4.1 完全生物基时 m_B的计算

完全生物基时,通过式(7)计算。

$$m_B = 100 \times \frac{W_A + W_C + W_D}{W_A + W_B + W_C + W_D + W_E + W_F} \quad \cdots\cdots (7)$$

式中:

W_A、W_B、W_C、W_D、W_E与 W_F分别为组分 A、B、C、D、E 与 F 的质量(相对质量)。

6.4.2 部分生物基时 m_B的计算

部分生物基时,通过式(8)计算。

$$m_B = 100 \times \frac{W_{A1} + W_C + W_{D1}}{W_A + W_B + W_C + W_D + W_E + W_F} \quad \cdots\cdots (8)$$

式中:

W_{A1}与 W_{D1}分别为组分 A 与 D 中的生物质的质量(相对质量);

W_A、W_B、W_C、W_D、W_E与 W_F分别为组分 A、B、C、D、E 与 F 的质量(相对质量)。

7 试验报告

测试报告至少应包含以下信息:

a) 本标准编号:T31/04002 -□00□- 201□;

b) 聚乳酸改性材料的主要成分;

c) 聚乳酸改性材料中生物基碳含量、生物基合成聚合物含量和/或生物基物质含量的计算结果。

附 件 A

（资料性附录）

生物基含量的计算示例

本示例给出的聚合物材料并非真实的商业产品，因此其组成是虚拟的。表 A.1 为组分 A、C、D 皆为完全生物基时的产品中生物基含量的计算示例，表 A.2 为组分 A 中含有部分生物基时的产品中生物基含量的计算示例。

表 A.1 完全生物基时生物基含量的计算示例

组 分	结构单元/分子式	W_X/%	单一组分中的碳质量/%	M_X/%	单一组分的 x_B^{TC}	单一组分的 x_B^{TOC}
PLA(组分 A)	$C_3H_4O_2$	50	50	25	100	100
PBAT(组分 B)	$C_{22}H_{28}O_8$	10	62.8	6.3	0	0
淀粉(组分 C)	$C_6H_{10}O_5$	10	44.4	4.4	100	100
甘油(组分 D)	$C_3H_8O_3$	5	39.1	2.0	100	100
DBP(组分 E)	$C_{16}H_{22}O_4$	5	69.1	3.5	0	0
碳酸钙(组分 F)	$CaCO_3$	20	12	2.4	0	—
产品(总计)	—	100	—	43.6	72.0	76.2

PLA：组分 A，聚乳酸，完全来源于生物质，为完全生物基合成聚合物；

PBAT：组分 B，己二酸丁二醇酯和对苯二甲酸丁二醇酯的共聚物，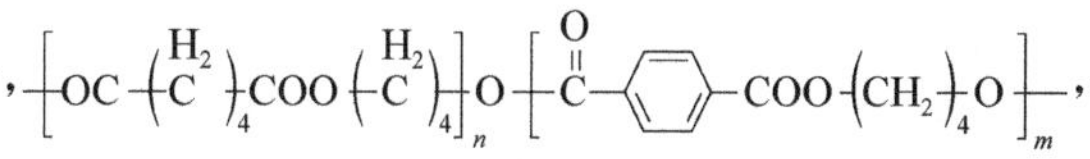，m 和 n 的比例为 1∶1，为化石基合成聚合物；

淀粉：组分 C，天然聚合物；

甘油：组分 D，生物基有机添加剂；

DBP：组分 E，化石基有机添加剂；

碳酸钙：组分 F，无机添加剂；

各计算值采用四舍五入法保留一位小数；

配比：列出各组分占产品的质量百分数；

单一组分中的碳质量：单一组分的碳相对质量，例如：该示例 PLA(组分)的单一组分中的碳质量为该组分中碳含量占该组分的百分比。

计算生物基含量：

(1) $x_B^{TC} = 100 \times (25\% + 4.4\% + 2.0\%)/43.6\% = 72.0$

(2) $x_B^{TOC} = 100 \times (25\% + 4.4\% + 2.0\%)/(25\% + 6.3\% + 4.4\% + 2.0\% + 3.5\%) = 76.2$

(3) $m_{BSP} = 100 \times 50\%/(50\% + 10\% + 10\% + 5\% + 5\% + 20\%) = 50.0$

(4) $m_B = 100 \times (50\% + 10\% + 5\%)/(50\% + 10\% + 10\% + 5\% + 5\% + 20\%) = 65.0$

表 A.2　部分生物基时生物基含量的计算示例

组　　分	结构单元/分子式	W_X/%	单一组分中的碳质量/%	M_X/%	单一组分的 x_B^{TC}	单一组分的 x_B^{TOC}
PLA（组分 A）	$C_3H_4O_2$	50	50	25	100	100
生物基 PET：乙二醇单元（组分 A）	$C_2H_4O_2$	3.1	40	1.2	100	100
生物基 PET：对苯二甲酸单元（组分 B）	$C_8H_4O_2$	6.9	72.7	5.0	0	0
淀粉（组分 C）	$C_6H_{10}O_5$	10	44.4	4.4	100	100
甘油（组分 D）	$C_3H_8O_3$	5	39.1	2.0	100	100
DBP（组分 E）	$C_{16}H_{22}O_4$	5	69.1	3.5	0	0
碳酸钙（组分 F）	$CaCO_3$	20	12	2.4	0	—
产品（总计）	—	100	—	43.5	74.9	79.3

PLA：组分 A，聚乳酸，完全来源于生物质，为完全生物基合成聚合物；
生物基 PET：聚对苯二甲酸乙二醇酯，$\{(O-CH_2-CH_2-O)(CO-C_6H_4-CO)\}_n$，$m$ 和 n 的比例为 1∶1，乙二醇单元为生物基来源，为组分 A，对苯二甲酸单元为化石基来源，为组分 B。其中，乙二醇单元占比为 31.2%，对苯二甲酸单元占比为 68.8%；
淀粉：组分 C，天然聚合物；
甘油：组分 D，生物基有机添加剂；
DBP：组分 E，化石基有机添加剂；
碳酸钙：组分 F，无机添加剂；
单一组分中的碳质量：单一组分的碳相对质量，例如：该示例 PLA（组分）的单一组分中的碳质量为该组分中碳含量占该组分的百分比。
各计算值采用四舍五入法保留一位小数；
计算生物基含量：
(1) $x_B^{TC} = 100 \times (25\% + 1.2\% + 4.4\% + 2.0\%)/43.5\% = 74.9$
(2) $x_B^{TOC} = 100 \times (25\% + 1.2\% + 4.4\% + 2.0\%)/(25\% + 1.2\% + 5.0\% + 4.4\% + 2.0\% + 3.5\%) = 79.3$
(3) $m_{BSP} = 100 \times (50\% + 3.1\%)/(50\% + 10\% + 10\% + 5\% + 5\% + 20\%) = 53.1$
(4) $m_B = 100 \times (50\% + 3.1\% + 10\% + 5\%)/(50\% + 10\% + 10\% + 5\% + 5\% + 20\%) = 68.1$

ICS 83.080.01
G 32

团 体 标 准

T/SHXCL 0002—2019

纳米级水性窄分子量分布丙烯酸酯树脂

Waterborne nanoscale narrow-band polymerized acrylic resin

2019－12－03 发布　　2019－12－30 实施

上海市新材料协会　发布

前　　言

本标准按照 GB/T 1.1—2009 的规定起草。

本标准由上海市新材料协会提出。

本标准由上海市新材料协会标准化技术委员会归口。

本标准主要起草单位：上海先科化工有限公司、上海紫丹食品包装印刷有限公司、上海海隆赛能新材料有限公司、上海紫江喷铝环保材料有限公司、上海华逊新材料科技有限公司。

本标准主要起草人：张元、包安、张毅君、于广伟、丁武斌、刘伟、孙国安。

本标准于 2019 年 12 月 3 日首次发布。

纳米级水性窄分子量分布丙烯酸酯树脂

1 范围

本标准规定了纳米级水性窄分子量分布丙烯酸酯树脂的技术要求、试验方法、检验规则，以及标志、包装、运输、贮存等要求。

本标准适用于纳米级水性窄分子量分布丙烯酸酯树脂，可作为金属漆、木器漆、涂料、油墨、皮革、纺织等各应用领域的原材料。

2 规范性引用文件

下列文件对于本文件的应用是必不可少的。凡是注日期的引用文件，仅注日期的版本适用于本文件。凡是不注日期的引用文件，其最新版本(包括所有的修改单)适用于本文件。

GB/T 1728 漆膜、腻子膜干燥时间测定法

GB/T 8325 聚合物和共聚物水分散体 pH 值测定方法

GB/T 9267 涂料用乳液和涂料、塑料用聚合物分散体白点温度和最低成膜温度的测定

GB/T 11175—2002 合成树脂乳液试验方法

GB/T 19466.2 塑料 差示扫描量热法(DSC)第 2 部分：玻璃化转变温度的测定

GB/T 23986 色漆和清漆 挥发性有机化合物(VOC)含量的测定 气相色谱法

GB/T 29022 粒度分析 动态光散射法(DLS)

3 术语和定义

下列术语和定义适用于本文件。

3.1

纳米级 nanoscale

分散于介质中聚合物颗粒的平均粒径(D50)小于 100 纳米。

3.2

纳米级水性窄分子量分布丙烯酸酯树脂 waterborne nanoscale narrow-band polymerized acrylic resin

甲基丙烯酸、甲基丙烯酸甲酯、丙烯酸丁酯及功能性丙烯酸单体按特定工艺制备而成的纳米级水性窄分子量分布丙烯酸酯树脂，其分散介质全部为水。

4 技术要求

纳米级水性窄分子量分布丙烯酸酯树脂性能应符合表 1 的要求。

表 1 性能指标

项　　目	要　　求
外观	应无粒子和异物
色泽	蓝灰光半透明液体
平均粒径(D50)/nm	40～75
pH 值	6～8
黏度(25 ℃)/(mPa・s)	10～30
固含量/%	40～50
玻璃化转变温度/℃	10～60
最低成膜温度/℃	2～20
分子量分布指数(PDI)	≤1.05
挥发性有机化合物含量(VOCs 含量)/(mg/kg)	ND*
表干时间/min	≤15
贮存稳定性	48 h,无异常

注：ND=未检出(检出限 0.2 mg/kg)。

5 试验方法

5.1 外观

按 GB/T 11175—2002 第 5.1 条的规定进行。

5.2 色泽

取 20 mL 试样于 25 mL 比色管内,在室温和非阳光直射下目测。

5.3 平均粒径(D50)

按 GB/T 29022 的规定检测粒径。

5.4 pH 值

按 GB/T 8325 的规定进行。

5.5 黏度

按 GB/T 11175—2002 第 5.4 条的规定进行。

5.6 固含量

按 GB/T 11175—2002 第 5.2 条的规定进行。

5.7 玻璃化转变温度

将试样涂在载玻片上,常温干燥 24 小时,按 GB/T 19466.2 的规定进行。

5.8 最低成膜温度

按 GB/T 9267 的规定进行。

5.9 分子量分布指数

使用带有 zeta 电位分析法的激光粒度仪，按 GB/T 29022 的规定测定分散指数 PdI，按式(1)计算得出分子量分布指数 PDI：

$$b = 4 \times a^2 + 1 \quad \cdots\cdots (1)$$

式中：

a——分散指数 PdI；

b——分子量分布指数 PDI。

注： 当 PDI=1 时，是均一分子量的聚合物；当 PDI>1 时，PDI 的数值越大，其分子量分布越宽，多分散性程度越大。

5.10 挥发性有机化合物含量

按 GB/T 23986 的规定进行。

5.11 表干时间

按 GB/T 1728 的规定进行。

5.12 贮存稳定性

按 GB/T 11175—2002 第 5.6 条的规定进行。

6 检验规则

6.1 检验分类

出厂检验和型式检验。

6.1.1 出厂检验

项目为外观、色泽、平均粒径(D50)、pH 值、黏度和固含量。

6.1.2 型式检验

按表 1 中的全项目进行检验。有下列情况之一时，应进行型式检验：

a) 新产品或老产品转产生产的试制定型鉴定；

b) 正式生产后，如配方、原料、工艺等发生改变，可能影响产品性能时；

c) 停产一年以上的产品恢复生产；

d) 正常生产时，每年进行一次检验；

e) 出厂检验结果与上次型式检验有较大差异。

6.2 组批

检验以批为单位。以同一釜制备的(不大于 5 吨)树脂为一个检验批。

6.3 抽样

出厂检验的样本应从每一批产品中随机抽取约 1 500 g 的树脂作为试验样品进行检验，复验抽样需在同一批中抽取。型式检验的样本应从出厂检验合格品中随机抽取约 2 000 g 的树脂作为试验样品进行检验。

6.4 判定与复验规则

若有任何一项检验结果不合格，应重新取两份试验样品进行复验，复验结果仍不合格时，则该批为不合格品。

7 标志、包装、运输、贮存

7.1 标志

包装容器上应标有下列内容：

a) 产品型号和中文名称；

b) 产品标准号；

c) 净含量，以 kg 表示；

d) 生产厂名；

e) 生产日期和批次；

f) 有效贮存期。

7.2 包装

产品装塑料内桶，包装规格 20 kg、200 kg、1 000 kg 或根据客户要求提供其他规格。

7.3 运输

产品在运输时应防止雨淋、日光暴晒，并符合交通运输部门的有关规定。

7.4 贮存

应贮存在阴凉、通风、干燥的仓库内，防止日光直射，并应隔绝火源，远离热源。在符合上述贮存条件下，自生产之日起，产品保质期为一年。

ICS 83.080.20
G 32

团 体 标 准

T/SHXCL 0005—2020

绿色设计产品评价技术规范 超高分子量聚乙烯树脂

Technical specification for green-design product evaluation —
Ultra-high-molecular-weight polyethylene (PE – UHMW) resin

2020 – 12 – 04 发布 2021 – 01 – 30 实施

上海市新材料协会 发布

前　　言

本文件按照 GB/T 1.1—2020《标准化工作导则　第 1 部分：标准化文件的结构和起草规则》的规定起草。

本文件由上海市新材料协会提出。

本文件由上海市新材料协会标准化技术委员会归口。

本文件主要起草单位：上海化工研究院有限公司、上海联乐化工科技有限公司、河南沃森超高化工科技有限公司、云南金普乐新材料科技有限公司、浙江金昊新材料有限公司。

本文件首批执行单位：上海化工研究院有限公司、上海联乐化工科技有限公司、河南沃森超高化工科技有限公司、云南金普乐新材料科技有限公司、浙江金昊新材料有限公司。

本文件主要起草人：王新威、张玉梅、李建龙、孙勇飞、吴玉亮、代士维、刘持政、张家地、徐绍魁、宗秋凤。

本文件于 2020 年 12 月 4 日首次发布。

绿色设计产品评价技术规范 超高分子量聚乙烯树脂

1 范围

本文件规定了超高分子量聚乙烯树脂绿色设计产品的术语和定义、评价原则和方法、要求、产品生命周期评价方法及评价报告编制方法。

本文件适用于超高分子量聚乙烯树脂绿色设计产品的评价。

2 规范性引用文件

下列文件对于本文件的应用是必不可少的。凡是注日期的引用文件，仅注日期的版本适用于本文件。凡是不注日期的引用文件，其最新版本（包括所有的修改单）适用于本文件。

GB/T 2589 综合能耗计算通则

GB/T 6920 水质 pH 值的测定 玻璃电极法

GB/T 11893 水质 总磷的测定 钼酸铵分光光度法

GB/T 11901 水质 悬浮物的测定 重量法

GB 12348 工业企业厂界环境噪声排放标准

GB/T 15432 环境空气 总悬浮颗粒物的测定

GB/T 16157 固定污染源排气中颗粒物测定与气态污染物采样方法

GB/T 16483 化学品安全技术说明书 内容和项目顺序

GB 17167 用能单位能源计量器具配备和管理通则

GB/T 19001 质量管理体系 要求

GB/T 23331 能源管理体系 要求

GB/T 24001 环境管理体系 要求及使用指南

GB/T 24040 环境管理 生命周期评价 原则与框架

GB/T 24044 环境管理 生命周期评价 要求与指南

GB/T 28001 职业健康安全管理体系 规范

GB/T 31572 合成树脂工业污染物排放标准

GB/T 32161 生态设计产品评价通则

GB/T 32679 超高分子量聚乙烯树脂(PE - UHMW)树脂

AQ/T 9006 企业安全生产标准化基本规范

HJ 38 固定污染源废气 总烃、甲烷和非甲烷总烃的测定 气相色谱法

HJ 535 水质 氨氮的测定 纳氏试剂分光光度法

HJ 636 水质 总氮的测定 碱性过硫酸钾消解紫外分光光度法

SN/T 1829—2006 石油焦炭中铝、钡、钙、铁、镁、锰、镍、硅、钠、钛、钒、锌含量测定 电感耦合等离子体原子发射光谱(ICP - AES)法

DB 31/199 污水排放标准

3 术语和定义

下列术语和定义适用于本文件。

3.1

绿色设计产品 green-design product

在原材料获取、产品生产、使用、废弃处置等全生命周期过程中，在技术可行和经济合理的前提下，具有能源消耗少、污染排放低、环境影响小、对人体健康无害、便于回收再利用且符合产品性能和安全要求的产品。

3.2

生命周期 life cycle

产品系统中前后衔接的一系列阶段，从自然界或从自然资源中获取原材料，直至最终处置。

3.3

生命周期评价 life cycle assessment

理解和评价产品系统在产品整个生命周期中的潜在环境影响大小和重要性的阶段。

4 评价原则和方法

4.1 评价原则

4.1.1 生命周期评价与指标评价相结合的原则

依据生命周期评价方法，考虑超高分子量聚乙烯树脂产品的整个生命周期，从产品设计、原材料获取、产品生产、产品使用、废弃后回收处理等阶段，深入分析各个阶段的资源消耗、生态环境、人体健康等因素，选取不同阶段可评价的指标构成评价指标体系。

4.1.2 环境影响种类最优选取原则

根据超高分子量聚乙烯树脂产品的特点，选取具有影响大、社会关注度高、国家法律或政策明确要求的环境影响种类，选取资源属性、污染物排放等方面进行生命周期评价。

4.2 评价方法和流程

4.2.1 评价方法

同时满足以下条件的超高分子量聚乙烯树脂产品可称为绿色设计产品：

a) 满足基本要求(见 5.1)和评价指标要求(见 5.2)；

b) 提供超高分子量聚乙烯树脂产品生命周期评价报告。

4.2.2 评价流程

根据超高分子量聚乙烯树脂产品的特点，明确评价范围，根据评价指标体系的指标和生命周期评价方法，收集相关数据，对数据进行分析，对照基本要求和评价指标要求，对超高分子量聚乙烯树脂产品进行评价。符合基本要求和评价指标要求的，可以判定该超高分子量聚乙烯树脂产品符合绿色设计产品的评价要求；符合要求的超高分子量聚乙烯树脂产品生产企业，还应提供该产品的生命周期评价报告(见附录 A)。同时，满足绿色设计产品评价要求和生命周期评价报告审核要求的，则判定该产品为绿色设计产品，评价流程见图 1。

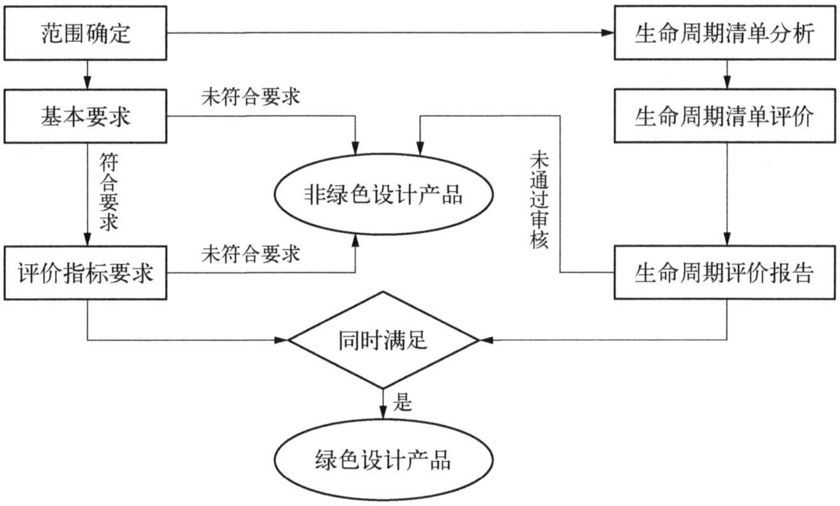

图1　超高分子量聚乙烯树脂绿色设计产品评价流程

5　要求

5.1　基本要求

5.1.1　应采用国家鼓励的先进技术工艺，不应使用国家或有关部门发布的淘汰或禁止的技术、工艺和装备。

5.1.2　不应使用国家、行业明令淘汰或禁止的材料，不应超越范围选用限制使用的材料，生产企业应持续关注国家、行业明令禁用的有害物质。

5.1.3　生产企业的污染物排放应达到国家和地方污染物排放文件的要求，严格执行节能环保相关的国家文件并提供污染物排放清单。危险废物的管理应符合国家和地方的法规要求。

5.1.4　生产企业的污染物总量控制应达到国家和地方污染物排放总量控制指标。

5.1.5　待评价产品的企业截至评价日3年内无重大安全和环境污染事故。

5.1.6　企业安全生产文件化水平应符合AQ/T 9006的要求。

5.1.7　生产企业应按照GB 17167的要求。

5.1.8　生产企业应按照GB/T 24001、GB/T 19001和GB/T 28001分别建立并运行环境管理体系、质量管理体系和职业健康安全管理体系；开展能耗、物耗考核并建立考核制度，或按照GB/T 23331建立并运行能源管理体系。

5.1.9　企业应按照《国家危险废物名录》和《危险化学品安全管理条例》建立并运行危险化学品安全管理制度，应向使用方提供符合GB/T 16483要求的产品安全技术说明书。

5.1.10　鼓励企业按照《企业事业单位环境信息公开办法》公开环境信息。

5.1.11　鼓励企业对剩余产品及包装物进行处置或回收。

5.2　评价指标要求

指标体系由一级指标和二级指标组成，一级指标包括资源属性指标、能源属性指标、环境属性指标和产品属性指标。评价指标基准值见表1。

表 1　评价指标基准值

一级指标	二级指标		评价指标基准值	依据文件	检测方法	所属生命周期阶段
资源属性	原材料利用率/% ≥		99	提供检测报告	依据 B.1 计算和检测	产品生产
	单位产品耗水/(吨工业水/吨产品) ≤		2	提供检测报告	依据 B.2 计算和检测	
环境属性	废气	颗粒物/(mg/Nm³) ≤	30	依据 GB/T 31572—2015 提供第三方检测报告	依据 B.3 检测	产品生产
		非甲烷总烃排放限量/(mg/Nm³) ≤	70			
	废水	氨氮/(mg/L) ≤	3	依据 DB31/199—2018 提供第三方检测报告		
		总氮/(mg/L) ≤	15			
		总磷/(mg/L) ≤	0.3			
		悬浮物/(mg/L) ≤	20			
		pH 值	6～9			
	噪声	昼间厂界环境噪声/dB(A) ≤	60	依据 GB12348 提供第三方检测报告		
		夜间厂界环境噪声/dB(A) ≤	55			
能源属性	单位产品综合能耗/(吨标煤/吨产品) ≤		0.22	依据 GB/T 2589 计算	依据 B.4 检测	产品生产
产品属性	产品性能		GB/T 32679	依据 GB/T 32679 提供检测报告	依据 B.5 检测	产品生产
	铝含量/ppm ≤		50	提供检测报告	依据 B.6 检测	
	钙含量/ppm ≤		5			
	铁含量/ppm ≤		5			
	钛含量/ppm ≤		5			

5.3　检验方法和指标计算方法

污染物监测方法、产品检验方法以及各指标的计算方法见附录 B。

6　产品生命周期评价方法及评价报告编制方法

6.1　评价方法

依据 GB/T 24040、GB/T 24044、GB/T 32161 给出的生命周期评价方法学框架、总体要求及其附录编制超高分子量聚乙烯树脂产品的生命周期评价报告，参考附录 A。

6.2　评价报告的编制方法

6.2.1　基本信息

报告应提供报告信息、申请者信息、评估对象信息、采用的文件信息、产品种类等基本信息。其中：

—报告信息：包括报告编号、编制人员、审核人员、发布日期等；

—申请者信息：包括公司全称、组织机构代码、地址、联系人、联系方式等；

—评估对象信息：包括产品型号/类型、主要技术参数、制造商及厂址等；

—采用的文件信息：包括文件名称、文件号等；

—产品种类：包括所有规格的原始包装大小、材质、封闭口型以及可重复使用或回收的容器。

6.2.2 **符合性评价**

报告中应提供对基本要求和评价指标要求的符合性情况，并提供所有评价指标报告期相比基期改进情况的说明。其中，报告期为当前评价的年份，一般是指产品参与评价年份的上一年；基期为一个对照年份，一般比报告期提前1年。

6.2.3 **生命周期评价**

6.2.3.1 **评价对象及工具**

报告中应详细描述评估的对象、功能单位和产品主要功能，提供产品的材料构成及主要技术参数表，绘制并说明产品的系统边界，披露所使用的软件工具。

6.2.3.2 **生命周期清单分析**

报告中应提供考虑的生命周期阶段，说明每个阶段所考虑的清单因子及收集到的现场数据或背景数据，涉及数据分配的情况应说明分配方法和结果。

6.2.3.3 **生命周期影响评价**

报告中应提供产品生命周期各阶段的不同影响类型的特征化值，并对不同影响类型在生命周期阶段的分布情况进行比较分析。

6.2.3.4 **生态设计改进方案**

在分析指标的符合性评价结果以及生命周期评价结果的基础上，提出产品绿色设计改进的具体方案。

6.2.4 **评价报告主要结论**

应说明该产品对评价指标的符合性结论、生命周期评价结果、提出的改进方案，并根据评价结论初步判断该产品是否为绿色设计产品。

6.2.5 **附件**

报告中应在附件中提供：

1）产品原始包装图；

2）产品生产材料清单；

3）产品工艺表(产品生产工艺过程等)；

4）各单元过程的数据收集表；

5）其他要求的验证说明材料。

附　录　A

（规范性）

超高分子量聚乙烯树脂产品生命周期评价方法

A.1　目的

通过评价超高分子量聚乙烯树脂产品的原料保存、生产、运输、出售到最终废弃处理的全生命周期（life cycle，LC）的环境影响大小，提出超高分子量聚乙烯树脂绿色设计改进方案，从而大幅提升超高分子量聚乙烯树脂的环境友好性。

A.2　范围

根据评价目的确定评价范围，确保两者相适应。定义生命周期评价范围时，应考虑以下内容并做出清晰描述。

A.2.1　功能单位

功能单位必须是明确规定并且可测量的。

A.2.2　系统边界

本附录界定的超高分子量聚乙烯树脂产品生命周期（LC）系统边界分5个阶段：原材料阶段、产品生产阶段、包装储存阶段、运输销售阶段、废弃及处理阶段，见图A.1。

图A.1　超高分子量聚乙烯树脂产品生命周期示意图

全生命周期评价（life cycle assessment，LCA）的覆盖时间应在规定的期限内。数据应反映具有代表性的时期（取最近3年内有效值），如果未能取得3年内有效值，应具体说明。

原材料数据应是在参与产品的生产和使用的地点/地区。

生产过程数据应是在最终产品的生产中所及的地点/地区。

A.2.3　数据取舍原则

单元过程数据种类很多，应对数据进行适当的取舍，原则如下：

a) 能源的所有输入均列出；
b) 原材料的所有输入均列出；
c) 辅助材料质量小于原料总消耗0.3%的项目输入可忽略；
d) 大气、水体的各种排放均列出；
e) 小于固体废弃物排放总量1%的一般性固体废弃物可忽略；
f) 道路与厂房的基础设施、各工序的设备、厂区内人员及生活设施的消耗和排放均忽略；
g) 任何有毒有害材料和物质均应包含于清单中，不可忽略。

A.3　生命周期清单分析

A.3.1　总则

应编制超高分子量聚乙烯树脂产品系统边界内的所有材料/能源输入、输出清单，作为产品生命周期评价的依据。如果数据清单有特殊情况、异常点或其他问题，应在报告中进行明确说明。

当数据收集完成后，应对收集的数据进行审定。然后，确定每个单元过程的基本流程，并据此计算出单元过程的定量输入和输出。此后，将每个单元过程的输入和输出数据除以产品的产量，得到功能单位的资源消耗和环境排放。最后，将产品各单元过程中相同的影响因素的数据求和，以获取该影响因素的总量，为产品的影响评价提供必要的数据。

A.3.2 **数据收集**

A.3.2.1 **概况**

应将以下要素纳入数据清单：

a) 原材料采购和预加工；

b) 生产；

c) 产品分配和储存；

d) 使用阶段；

e) 运输；

f) 寿命终止。

基于 LCA 的信息中要使用的数据分为两类：现场数据和背景数据。主要数据尽量使用现场数据，如果现场数据收集缺乏，可以选择背景数据。

现场数据是在现场具体操作过程中收集的。主要包括生产过程的能源与水消耗、产品原材料的使用量、产品主要包装材料的使用量和废弃物产生量等。现场数据还应包括运输数据，即产品原料、主要包装等从制造地点到最终交货点的运输距离。

背景数据应当包括主要原料的生产数据、权威的电力组合数据(如火力、水力、风力发电等)、不同运输方式造成的环境影响，以及产品成分在环境中降解或在本企业污水处理设施内处理过程的排放数据。

A.3.2.2 **现场数据采集**

应描述代表某一特定设施或设施的活动而直接测量或收集的数据相关采集规程。可直接对过程进行测量或者通过采样或问卷调查从经营者处获得的测量值为特定过程最具代表性的数据来源。

现场数据的质量要求包括：

a) 代表性：现场数据应按照企业生产单元收集确定范围内的生产统计数据。

b) 完整性：现场数据应采集完整的生命周期要求数据。

c) 准确性：现场数据中的资源、能源、原材料消耗数据应该来自生产单元的实际生产统计记录；环境排放数据优先选择相关的环境监测报告，或者通过排污因子或物料平衡公式计算获得。所有现场数据均须转换为单位产品基准，并且需要详细记录相关的原始数据、数据来源、计算过程等。

d) 一致性：企业现场数据收集时应保持相同的数据来源、统计口径、处理规格等。典型现场数据来源包括：

—超高分子量聚乙烯树脂的原材料采购和预加工；

—超高分子量聚乙烯树脂的原材料由原材料供应商处运输至生产商处的运输数据；

—超高分子量聚乙烯树脂生产过程的碳能源和水资源消耗数据；

—超高分子量聚乙烯树脂原材料分配及用量数据；

—超高分子量聚乙烯树脂包装材料数据，包括原材料包装数据；

—超高分子量聚乙烯树脂由生产商处运输至经销商处的运输数据；

—超高分子量聚乙烯树脂生产废水在污水处理厂的处理过程中所消耗的资源、能源数据。

A.3.2.3 **背景数据采集**

背景数据不是通过直接测量或计算得到的数据。所使用数据的来源应有清楚的文件记载并载入产品生命周期评价报告。

背景数据的质量要求包括：

a) 代表性：背景数据应优先选择企业的原材料供应商提供的符合相关 LCA 文件要求的、经第三方独立验证的上游产品 LCA 中的数据。若无，须优先选择代表中国国内平均生产水平的公开 LCA 数据，数据的参考年限应优先选择近年数据。在没有符合要求的中国国内数据的情况下，可以选择国外同类技术数据作为背景数据。

b) 完整性：背景数据的系统边界应该从资源开采到原材料、辅助材料或产品出厂为止。

c) 一致性：所有被选择的背景数据应完整覆盖本部分确定的生命周期清单因子，并且应将背景数据转换为一致的物质名录后再进行计算。

A.3.2.4 原材料采购和预加工

该阶段始于从大自然提取资源，结束于超高分子量聚乙烯树脂产品进入产品生产设施，包括：

a) 开采和提取；

b) 所有材料的预加工；

c) 转换回收材料；

d) 提取或与加工设施内部或与加工设施之间的运输。

A.3.2.5 生产

该阶段始于超高分子量聚乙烯树脂产品进入生产设施，结束于产品离开生产设施。生产活动包括化学处理、制造、制造过程中半成品的运输和材料组成包装等。

A.3.2.6 产品分配

该阶段将超高分子量聚乙烯树脂分配给各地经销商，可沿着供应链将其储存在各点，包括运输车辆的燃料使用等。

A.3.2.7 使用阶段

该阶段始于消费者拥有产品，结束于超高分子量聚乙烯树脂使用过程向环境排放。包括使用模式、使用期间的资源消耗等。

A.3.2.8 物流

应考虑的运输参数包括运输方式、车辆类型、燃料消耗量、装货速率、回空数量、运输距离、根据负载限制因素（即高密度产品质量和低密度产品体积）的商品运输分配以及燃料用量。

A.3.2.9 寿命终止

该阶段始于消费者使用超高分子量聚乙烯树脂，结束于产品作为固体废弃物处理后进入大自然的生命周期。

A.3.2.10 用电量计算

对于产品系统边界上游或内部消耗的电力，应使用区域供应商现场数据。

A.3.3 数据分配

在进行超高分子量聚乙烯树脂产品生命周期评价的过程中涉及数据分配问题，特别是超高分子量聚乙烯树脂的生产环节。对于超高分子量聚乙烯树脂生产而言，由于厂家同时生产多种类型的产品，很难就某个型号的产品生产收集清单数据，往往会就某个车间、某条工艺线收集数据，然后再分配到具体的产品上。针对超高分子量聚乙烯树脂生产阶段，因为生产的产品主要成分比较一致，所以本研究选取“重量分配”作为分摊的比例，即重量越大的产品其分摊额度就越大。

A.3.4 生命周期影响评价

A.3.4.1 数据分析

根据表 A.1～表 A.5 对应需要的数据进行填报。

表 A.1 原材料成分、用量及运输清单

原材料	含量/%	单次使用消耗量/kg	原材料产地	运输方式	运输距离/km	单位产品运输距离/(km/kg)

续　表

原材料	含量/%	单次使用消耗量/kg	原材料产地	运输方式	运输距离/km	单位产品运输距离/(km/kg)

表 A.2　生产过程所需清单

能耗种类	车间生产总消耗量	单次使用产品消耗量
电/(kW·h)		
水/t		
煤/MJ		
蒸汽/m^3		

表 A.3　包装过程所需清单

材　　料	单位产品用量/kg	单次使用产品消耗量/kg
纸　箱		
包装桶		
其　他		

表 A.4　运输过程所需清单

过　　程	运输方式	运输距离/km	单位产品运输距离/(km/kg)
从生产地到总经销商的总运输距离			
从总经销商到分经销商的总运输距离			
从生产地到分经销商的总运输距离			

表 A.5　废弃物处理背景数据

项　　目	单位产品产生量/(t/t)	处置方式

a) 现场数据可通过企业调研、上游厂家提供、采样监测等途径进行收集，所收集的数据要求为企业3年内平均统计数据，并能够反映企业的实际生产水平；

b) 从实际调研过程中无法获得的数据，即背景数据，采用相关数据库进行代替。在这一步骤中所涉及的单元过程包括超高分子量聚乙烯树脂行业相关原材料生产、包装材料、能源消耗以及产品的运输。

A.3.4.2 **清单分析**

所收集的数据进行核实后，利用生命周期评估软件进行数据的分析处理，用以建立科学完整的生命周期评价计算程序。目前生命周期评价软件有 GaBi、SimaPro、eBalance 等，企业可根据实际情况选择软件。通过建立各个过程单元模块，输入各过程单元的数据，可得到全部输入物质与输出物质和排放清单，选择表 A.6 中的各个清单因子的量，为分类评价做准备。

A.4 影响评价

A.4.1 **影响类型**

影响类型分为资源能源消耗、生态环境影响和人体健康危害 3 类，超高分子量聚乙烯树脂的影响类型采用化石能源消耗、气候变化、富营养化和人体健康危害 4 个指标。

A.4.2 **清单因子归类**

根据清单因子的物理化学性质，将对特定影响类型有贡献的因子归类，见表 A.6。例如，将对气候变化有贡献的二氧化碳、一氧化氮等清单因子归到气候变化影响类型里面。

表 A.6 超高分子量聚乙烯树脂产品生命周期清单因子归类

影 响 类 型	清单因子归类
化石能源消耗	煤、石油、天然气、材料本身的有机碳
气候变化/碳足迹	二氧化碳(CO_2)、甲烷(CH_4)
富营养化	氮氧化物(NO_x)
人体健康危害	颗粒物

A.4.3 **分类评价**

计算出不同影响类型的特征化模型。分类评价的结果采用表 A.7 中的当量物质表示。

表 A.7 超高分子量聚乙烯树脂产品生命周期影响评价

环境类别	单　　位	指标参数	特征化因子
能源消耗	锑当量/kg	煤	5.69×10^{-8}
		石油	1.42×10^{-4}
		天然气	1.42×10^{-4}
全球变暖	CO_2 当量/kg	CO_2	1
		CH_4	25
富营养化	NO_3^- 当量/kg	NO_3^-	1

续 表

环境类别	单　位	指标参数	特征化因子
人体健康危害	1,4-二氯苯当量/kg	NO_x	1.2
		SO_x	0.096
		颗粒物	0.82

A.4.4 **计算方法**

影响评价结果按式(A.1)进行计算：

$$EP_i = \sum EP_{ij} = \sum Q_j \times EF_{ij} \quad \cdots\cdots (A.1)$$

式中：

EP_i——第 i 种影响类型的特征化值；

EP_{ij}——第 i 种影响类型中第 j 种清单因子的贡献；

Q_j——第 j 种影响类型的特征化值；

EF_{ij}——第 i 种影响类型中第 j 种清单因子的特征化因子。

附　录　B

（规范性）
检验方法和指标计算方法

B.1　原材料利用率

产出产品总量与投入原料总量之比，以 X 表示，单位为百分率（%）。按式（B.1）计算：

$$X=\frac{M_i}{M_c}\times 100\% \quad \cdots\cdots (B.1)$$

式中：

M_i——在一定计量时间（1 年）内超高分子量聚乙烯树脂产品总量，单位为吨（t）；

M_c——在一定计量时间（1 年）内所用原料总量，单位为吨（t）。

B.2　单位产品耗水

生产过程使用的工业水量（M_1）与产品总产量（M_2）之比，以 K 表示。按式（B.2）计算：

$$K=\frac{M_1}{M_2} \quad \cdots\cdots (B.2)$$

式中：

K——单位产品耗水，单位为吨工业水/吨产品；

M_1——在一定计量时间（一年）内生产过程使用的工业水的总量，单位为吨（t）；

M_2——在一定计量时间（一年）内超高分子量聚乙烯树脂产品总量，单位为吨（t）。

B.3　污染物检测及分析

污染物产生指标是企业污染物处理设施末端直接排放的指标，不包括排放到第三方处理单位代为处理的排放指标，所有指标均取各次采样的实测数据的平均值，具体要求见表 B.1。

表 B.1　污染物各项指标的采样及分析方法

污染源类型	检测项目	检 测 位 置	检验方法
废水	氨氮	企业废水处理设施排放口	HJ 535
	总氮		HJ 636
	总磷		GB/T 11893
	悬浮物		GB/T 11901
	pH 值		GB/T 6920
废气	颗粒物含量	企业废气处理设施排放筒	GB/T 16157
	非甲烷总烃排放限值		HJ 38

续 表

污染源类型	检测项目	检 测 位 置	检验方法
噪声	昼间厂界环境噪声	一般情况下，测点应选在企业厂界外 1 m 处，距地面高度不小于 1.2 m，且距任一反射面的距离不小于 1 m	GB 12348
	夜间厂界环境噪声		

注：测试条件均为企业正常生产工况下。

B.4 单位产品综合能耗

产品综合能耗的测定按 GB/T 2589 的规定进行。

B.5 产品性能

按 GB/T 32697 的规定进行测定。

B.6 产品中铝、钙、铁、钛金属元素含量

按 SN/T 1829—2006 的规定进行测定。

参 考 文 献

[1] 危险化学品安全管理条例(国务院 2011 年第 591 号令)
[2] 国家危险废物名录(环保部 2016 年第 39 号令)
[3] 环境信息公开办法(试行)(环保部 2007 年第 35 号令)

ICS 59.100.99
Q 23

团 体 标 准

T/SHXCL 0004—2021

无纺布/聚氨酯复合抛光垫

Nonwovens/polyurethane composite polishing pad

2021-04-08 发布 2021-05-10 实施

上海市新材料协会 发布

前　言

本文件按 GB/T 1.1—2020《标准化工作导则　第 1 部分：标准化文件的结构和起草规则》的规定起草。

本文件由上海市新材料协会提出并归口。

本文件起草单位：上海映智研磨材料有限公司、徐州永泽新材料科技有限公司、临汾博利士纳米材料有限公司、上海工程技术大学、浙江森永光电设备有限公司、上海华明高纳稀土新材料有限公司。

本文件主要起草人：张泽芳、王海波、彭诗月、苏双峰、刘涛、韩婷婷、孙韬、饶品华、陈晨、李阿伟、郑勇、杨筱琼、赵月昌。

本文件于 2021 年 4 月 8 日首次发布。

无纺布/聚氨酯复合抛光垫

1 范围

本文件规定了无纺布/聚氨酯复合抛光垫(以下简称抛光垫)的分类、要求、试验方法、检验规则及标志、包装、运输、贮存。

本文件适用于抛光垫,可用于硅晶片、LCD基片及玻璃面板、蓝宝石衬底等材料的抛光,还可应用于ITO导电玻璃、玻璃基片、光掩模及LCD面罩、铍、熔融石英、磷化铟、铌酸锂、钽酸锂、不锈钢、钨和膨胀玻璃的抛光。

2 规范性引用文件

下列文件对于本文件的应用是必不可少的。凡是注日期的引用文件,仅注日期的版本适用于本文件。凡是不注日期的引用文件,其最新版本(包括所有的修改单)适用于本文件。

GB/T 2411—2008 塑料和硬橡胶 使用硬度计测定压痕硬度(邵氏硬度)

GB/T 3505—2009 产品几何技术规范(GPS) 表面结构 轮廓法 术语、定义及表面结构参数

GB/T 6342—1996 泡沫塑料与橡胶 线性尺寸的测定

GB/T 6343—2009 泡沫塑料及橡胶 表观密度的测定

GB/T 6529—2008 纺织品 调湿和试验用标准大气

GB/T 6618—2009 硅片厚度和总厚度变化测试方法

GB/T 6624—2009 硅抛光片表面质量目测检验方法

GB/T 24442.1—2009 纺织品 压缩性能的测定 第1部分:恒定法

GB/T 29507—2013 硅片平整度、厚度及总厚度变化测试 自动非接触扫描法

3 术语和定义

下列术语和定义适用于本文件。

3.1

无纺布/聚氨酯复合抛光垫 nonwovens/polyurethane composite polishing pad

聚氨酯溶液与无纺布基底通过特定的工艺复合而成的产品。

4 分类

按产品的硬度(邵尔A)不同,抛光垫分为:

a) PG-S——产品的硬度为65±5;

b) PG-M——产品的硬度为75±5;

c) PG-H——产品的硬度为85±5。

5 要求

5.1 规格尺寸

抛光垫规格尺寸应符合表1的要求。

表1 规格尺寸

项目	规格尺寸	误差
直径/mm	Φ360、Φ915、Φ1 120、Φ1 220、Φ1 300、Φ1 450	
厚度/mm	1.2～3.0	±0.05

注：也可根据客户需求定制相应规格尺寸。

5.2 外观

抛光垫应为表面具有平面型或网格型、螺旋线型等开槽结构的薄垫。

5.3 物理性能

抛光垫物理性能应符合表2的要求。

表2 物理性能指标

项目	要求		
	PG-S	PG-M	PG-H
表观芯密度/(g/cm^3)	0.3±0.04	0.37±0.04	0.45±0.05
压缩率/%	5±1	3±0.5	2±0.5
压缩弹性率/%	75±5	70±5	70±5
硬度(邵尔A)	65±5	75±5	85±5
吸水率/%	120±10	100±10	80±10

5.4 应用性能

抛光垫应用性能应符合表3的要求。

表3 应用性能指标

项目	要求		
	PG-S	PG-M	PG-H
去除率/(μm/min)	0.6～0.7	0.7～0.8	0.8～0.9
平整度(TTV/LTV)/μm	<2	<2	<2
坑点划伤数/%	<2.5	<2.5	<2
粗糙度/nm	<0.2	<0.25	<0.3

6 试验方法

6.1 尺寸

按 GB/T 6342—1996 的规定进行测定。

6.2 外观

在自然光照下，目视检查。

6.3 表观芯密度

从表面平面型抛光垫产品中裁取尺寸为 300 mm×300 mm×1.2 mm 的样品，按 GB/T 6343—2009 的规定测定表观芯密度。

6.4 压缩率

按附录 A 的规定进行测定。

6.5 压缩弹性率

按附录 A 的规定进行测定。

6.6 硬度(邵尔 A)

按 GB/T 2411—2008 的规定进行测定。

6.7 吸水率

按 GB/T 24218.6—2010 的规定进行，吸收用液体为去离子水。

6.8 去除率

6.8.1 取 2 片尺寸为 Φ8 英寸的双面研磨的硅片(N 型单晶硅，P 掺杂)，按 GB/T 6618—2009 的规定测定硅片厚度 h_0。

6.8.2 按附录 A 的规定抛光硅片。

6.8.3 按 GB/T 6618—2009 的规定测定抛光后硅片的厚度 h_1。按式(1)计算去除率 Y：

$$Y = \frac{h_1 - h_0}{t} \qquad (1)$$

式中：

Y——去除率，单位为微米每分钟(μm/min)；

h_1——抛光后硅片的厚度，单位为微米(μm)；

h_0——抛光前硅片的厚度，单位为微米(μm)；

t——抛光时间，单位为分钟(min)。

6.8.4 取两次平行测定结果的算术平均值为最终测定结果，平行测定结果的绝对差值应不大于 10%。

6.9 平整度

按附录 A 规定抛光后，按 GB/T 29507—2013 的规定测定硅片。取两次平行测定结果的算术平均值为测定结果，平行测定结果的绝对差值应不大于 10%。

6.10 坑点划伤数

按附录A规定抛光后，按GB/T 6624—2009的规定测定硅片。取两次平行测定结果的算术平均值为测定结果，平行测定结果的绝对差值应不大于10%。

6.11 粗糙度

按附录A规定抛光后，按GB/T 3505—2009的规定测定硅片。取两次平行测定结果的算术平均值为测定结果，平行测定结果的绝对差值应不大于10%。

7 检验规则

7.1 检验分类

检验分为出厂检验和型式检验。

7.1.1 出厂检验

出厂检验每批检验一次，检验项目为尺寸、外观、密度、压缩率、压缩弹性率、硬度。

7.1.2 型式检验

型式检验为全项目检验。有下列情况之一时，应进行型式检验：

a) 新产品或老产品转产生产的试制定型鉴定；

b) 正式生产后，如配方、原料、工艺发生改变，可能影响产品性能时；

c) 产品停产一年以上，恢复生产；

d) 正常生产时，每年进行一次检验；

e) 出厂检验结果与上次型式检验有较大差异。

7.2 组批

检验以批为单位。同一卷无纺布基布制备的抛光垫为一个检验批。

7.3 抽样

出厂检验的样本应从每一批中随机抽取3片抛光垫作为试验样品进行检验，复验抽样需在同一批中抽取。型式检验的样本应从出厂检验合格的产品中随机抽取5片抛光垫作为试验样品进行检验。

7.4 判定与复验规则

检验结果若有任何一项不合格者，应重新取两份试验样品进行复验，复验结果仍不合格时，则该批为不合格品。

8 标志、包装、运输、贮存

8.1 标志

包装容器上应标有下列内容：

a) 产品型号和中文名称；

b) 规格尺寸；

c) 产品标准号；

d) 产品数量，以pcs表示；

e) 生产厂名；

f) 生产日期和批次；

g) 有效贮存期。

8.2 包装

10 pcs/箱或者 20 pcs/箱，箱子材质为硬纸板，可根据客户要求调整包装数量。

8.3 运输

产品在运输时应防止雨淋、日光暴晒，并符合交通运输部门的有关规定。

8.4 贮存

8.4.1 应贮存在阴凉、通风、干燥的仓库内，防止日光直射，并应隔绝火源，远离热源。

8.4.2 在符合 8.4.1 贮运条件下，自生产之日起，产品保质期一年。

附 录 A

(规范性)

压缩率和压缩弹性率试验方法

A.1 范围

本试验方法适用于测定抛光垫的压缩率和压缩弹性率性能。

A.2 试验设备和材料

压力恒定系统;

压脚,面积 0.785 cm^2;

参考板。

A.3 状态调节

按 GB/T 6529—2008 规定的标准大气进行调湿和试验,试验前样品应在松弛状态下进行状态调节至少 2 h。

A.4 试验步骤

A.4.1 从表面平面型抛光垫产品中裁取 5 个尺寸为 30 mm×30 mm×1.2 mm 的试样,按 A.3 的规定进行状态调节。

A.4.2 将状态调节后的试样平整无张力地放置于参考板上,启动仪器,压脚对试样逐渐加压,当压力达到轻压载荷 29.42 kPa 时保持恒定,保压 30 s 后,记录轻压载荷厚度 H_0。

A.4.3 继续对试样加压,压力达到重压载荷 176.52 kPa 时保持恒定,保压 60 s 后,记录重压载荷厚度 H_1。

A.4.4 随后立刻提升压脚卸除压力,试样恢复 60 s(包括卸载和加载)后再次测定轻压下的厚度,即恢复载荷厚度 H_2。

A.5 结果处理

压缩率和压缩弹性率分别按式(A.1)和式(A.2)计算:

$$X = \frac{H_2 - H_1}{H_1} \qquad \text{(A.1)}$$

$$Y = \frac{H_3 - H_1}{H_2 - H_1} \qquad \text{(A.2)}$$

式中:

X——压缩率,%;

Y——压缩弹性率,%;

H_1——轻压载荷厚度,单位为毫米(mm);

H_2——重压载荷厚度,单位为毫米(mm);

H_3——轻压载荷厚度,单位为毫米(mm);

取 5 次测量结果的算术平均值。

附　录　B

（规范性）

抛光垫抛光试验方法

B.1　范围

本试验方法适用于测定抛光垫的应用性能。

B.2　试验设备和材料

B.2.1　试验设备

抛光机。

B.2.2　试验材料

试验材料如下：

双面研磨硅片：8 英寸（N 型单晶硅，P 掺杂）；

抛光垫：直径 915 mm、厚度 1.2 mm，表面平面型；

氧化硅抛光液。

B.3　试验步骤

B.3.1　将抛光液稀释至规定浓度。将抛光垫贴在抛光机下盘上，双面研磨硅片贴在陶瓷盘上，陶瓷盘装入抛光头，每一台机器设定 2 个抛光头抛光。采用抛光垫和氧化硅抛光液对硅片衬底进行抛光，抛光工艺设定为：压力为 100 kPa，转速为 45 r/min，抛光时间为 20 min±1 min，温度为 42 ℃～45 ℃。

B.3.2　抛光液通过抛光机自带的泵从加料桶输送至抛光垫，每次输送量为 20 L，双面研磨硅片 2 片，并装入贴有吸附垫的陶瓷盘中。

B.4　结果处理

从抛光机取出双面研磨硅片，按 6.8、6.9、6.10 和 6.11 的规定测定去除率、平整度、坑点划伤数和粗糙度。

ICS 83.080.01
G 32

团 体 标 准

T/SHXCL 0009—2021

生物降解聚对苯二甲酸-己二酸丁二醇酯树脂(PBAT)

Biodegradable poly (butylene adipate terephthalate) resin (PBAT)

2021-11-15 发布 2021-12-30 实施

上海市新材料协会 发布

前　言

本文件按 GB/T 1.1—2020《标准化工作导则　第 1 部分：标准化文件的结构和起草规则》的规定起草。

本文件由上海市新材料协会提出并组织实施。

本文件由上海市新材料协会标准化技术委员会归口。

本文件起草单位：彤程化学(中国)有限公司、上海金发科技发展有限公司、上海市质量监督检验技术研究院、上海化工研究院有限公司、上海紫丹食品包装印刷有限公司。

本文件起草人：赵燕超、吴开建、夏建盟、刘峻、李雪坤、陈德苍。

本文件于 2021 年 11 月 15 日首次发布。

生物降解聚对苯二甲酸-己二酸丁二醇酯树脂(PBAT)

1 范围

本文件规定了生物降解聚对苯二甲酸-己二酸丁二醇酯树脂(PBAT)的技术要求、试验方法、检验规则及标志、包装、运输、贮存。

本文件适用于以对苯二甲酸、己二酸、1,4-丁二醇为主要原料,通过直接缩聚法或扩链法生产的聚对苯二甲酸-己二酸丁二醇酯树脂。

2 规范性引用文件

下列文件中的内容通过文中的规范性引用而构成本文件必不可少的条款。其中,注日期的引用文件,仅该日期对应的版本适用于本文件;不注日期的引用文件,其最新版本(包括所有的修改单)适用于本文件。

GB/T 1033.1—2008 塑料非泡沫塑料密度的测定 第1部分:浸渍法、液体比重瓶法和滴定法

GB/T 1040.2—2006 塑料拉伸性能的测定 第2部分:模塑和挤塑塑料的试验条件

GB/T 1633—2000 热塑性塑料维卡软化温度(VST)的测定

GB/T 2547—2008 塑料取样方法

GB/T 2918—2018 塑料 试样状态调节和试验的标准环境

GB/T 3682.1—2018 热塑性塑料熔体质量流动速率(MFR)和熔体体积流动速率(MVR)的测定 第1部分:标准方法

GB/T 9341—2008 塑料弯曲性能的测定

GB/T 9345.1—2008 塑料灰分的测定 第1部分:通用方法

GB/T 12006.2—2009 塑料聚酰胺 第2部分:含水量测定

GB/T 14190—2017 纤维级聚酯切片(PET)试验方法

GB/T 17037.1—2019 热缩性塑料材料注塑试样的制备 第1部分:一般原理及多用途试样和长条形试样的制备

GB/T 19277.1—2011 受控堆肥条件下材料最终需氧生物分解能力的测定 采用测定释放的二氧化碳的方法 第1部分:通用方法

GB/T 19466.3—2004 塑料 差示扫描量热法(DSC)第3部分:熔融和结晶温度及热焓的测定

GB/T 28206—2011 可堆肥塑料技术要求

GB/T 37837—2019 四极杆电感耦合等离子体质谱方法通则

EN 14582:2016 废弃物特征 卤素和硫含量 封闭系统氧燃烧和测定方法

3 技术要求

3.1 外观

产品为白色或乳白色颗粒。

3.2 理化性能

产品的理化性能应符合表1的要求。

表1 产品的理化性能

序号	项目			单位	要求
1	密度(23 ℃±2 ℃)			g/cm^3	1.23±0.03
2	熔融峰温			℃	110～125
3	熔体质量流动速率			g/10 min	M_1(1±10%)
4	含水率			%	≤0.1
5	端羧基含量			mol/t	<20
6	色值	L值	标准值		≥80
		a值	标称值		≤5
			偏　差		±1
		b值	标称值		≤10
			偏　差		±1
7	拉伸强度			MPa	≥15
8	拉伸断裂应变			%	≥500
9	弯曲强度			MPa	≥3
10	弯曲模量			MPa	≥30
11	维卡软化点 A_{50}			℃	M_2±2
12	灰分			%	≤0.1

3.3 降解性能

180天内工业堆肥条件下，降解性能应符合：

a) 测试样品中至少90%(绝对值)的有机碳应转化为二氧化碳，即绝对生物分解率达到90%以上；

b) 测试样品中至少90%(相对值)的有机碳应转化为二氧化碳，即测试样品和参比物质的生物分解率均达到平稳期后，测试样品的相对生物分解率达到90%以上。

如产品宣称可堆肥时，应符合GB/T 28206—2011的规定。

3.4 重金属及特定元素含量

产品的重金属及特定元素含量限量应符合表2的要求。

表2 重金属及特定元素含量限量要求

重金属及特定元素	限量/(mg/kg 干重)	重金属及特定元素	限量/(mg/kg 干重)
As	≤5	Hg	≤0.5
Cd	≤0.5	Ni	≤25
Co	≤38	Mo	≤1
Cr	≤50	Pb	≤50
Cu	≤50	Se	≤0.75
F	≤100	Zn	≤150

4 试验方法

4.1 试样的制备

按 GB/T 17037.1—2019 规定，用注塑模具制备符合 GB/T 1040.2—2006 中 1A 型试样，以及符合 GB/T 9341—2008 规定的 80 mm×10 mm×4 mm 长条形试样。注塑时，应使用合适的保压压力以获得无缺陷的试样样条。

4.2 试样的状态调节和试验的标准环境

4.2.1 试样的状态调节按 GB/T 2918—2018 的规定进行，状态调节的条件为温度 23 ℃±2 ℃，调节时间至少 40 h 但不超过 96 h；

4.2.2 试验应在 GB/T 2918—2018 规定的标准环境下进行，环境温度为 23 ℃±2 ℃，相对湿度为 50%±10%。

4.3 外观

采用目测方法评定。

4.4 密度

按 GB/T 1033.1—2008 的液体比重瓶法规定进行测试。试样为接收状态的颗粒，试样数量不少于 3 个。

4.5 熔融峰温

按 GB/T 19466.3—2004 的规定进行测试。升温速率为 10 ℃/min。

4.6 熔体质量流动速率

按 GB/T 3682.1—2018 中质量测量方法(方法 A)的规定进行测试。试验条件为 D(温度 190 ℃、负荷 2.16 kg)。

4.7 含水率

按 GB/T 12006.2—2009 中 B 法的规定进行测试。加热装置温度为 80 ℃。

4.8 端羧基含量

按 GB/T 14190—2017 中容量滴定法(方法 A)的规定进行测试。混合溶剂选用苯酚-三氯甲烷，体积比为2∶3。标准滴定溶液选用氢氧化钾-乙醇，浓度为0.05 mol/L。溴酚蓝指示剂浓度为0.1%。试样配制：将2 g样品溶于50.00 mL苯酚-三氯甲烷混合溶剂。

4.9 色值

按GB/T 14190—2017中5.5.2的规定进行测试。采用CIE1976L＊a＊b＊色系。

4.10 拉伸强度和拉伸断裂应变

4.10.1 按4.1制备1A型试样；

4.10.2 试样的状态调节按4.2的规定进行；

4.10.3 按GB/T 1040.2—2006的规定进行测试。试验速度为50 mm/min。

4.11 弯曲强度和弯曲模量

4.11.1 按4.1制备80 mm×10 mm×4 mm长条形试样；

4.11.2 试样的状态调节按4.2的规定进行；

4.11.3 按GB/T 9341—2008的规定进行测试。试验速度为2 mm/min。

4.12 维卡软化点

按GB/T 1633—2000中A_{50}法的规定进行测试。

4.13 灰分

按GB/T 9345.1—2008的规定进行测试。采用直接燃烧法(A法)，灼烧温度为850 ℃±50 ℃。

4.14 生物分解率

4.14.1 按GB/T 19277.1—2011的规定进行测试；

4.14.2 如产品宣称可堆肥，应按GB/T 28206—2011的规定进行测试。

4.15 重金属及特定元素含量

4.15.1 重金属含量

按GB/T 37837—2019的规定进行测试。

4.15.2 氟含量

按EN 14582：2016的规定进行测试。

5 检验规则

5.1 组批

5.1.1 产品以同一生产线上、相同原料、相同工艺所生产的同一牌号的产品进行组批，也可按一定生产周期或储存料仓为一批对产品进行组批。

5.1.2 产品以批为单位进行检验和验收。

5.2 抽样

5.2.1 产品可在料仓的取样口抽样，也可根据生产周期等实际情况确定具体的抽样方案。

5.2.2 包装后产品的取样应按GB/T 2547—2008的规定进行。

5.3 出厂检验

每批产品出厂前应进行一次出厂检验，检验项目至少应包括外观、熔融峰温、熔体质量流动速率、端羧基含量、含水率和色值。

5.4 周期检验

产品周期检验项目为除降解性能外的所有项目，周期检验每年进行一次。

5.5 鉴定检验

鉴定检验为全项目检验。有下列情况之一时，应进行鉴定检验：

a) 新产品或老产品转产生产的试制定型鉴定；

b) 正式生产后，如配方、原料、工艺发生改变，可能影响产品性能时；

c) 产品停产一年以上，恢复生产；

d) 其他有要求时。

5.6 判定规则

检验过程中，若有一项检验项目不合格，则从同批次产品中抽取双倍试样进行复检。若复检仍不合格，则判定该批产品为不合格。

6 标志、包装、运输、贮存

6.1 标志

产品的外包装上应有明显的标志，内容包括：商标、生产厂名、厂址、产品名称、牌号、净含量、批号（或生产日期）、本文件编号等。

6.2 包装

产品可用内衬铝箔袋的编织袋或其他具备密封防潮功能的包装形式。包装材料应保证在运输、码放和贮存的过程中不发生污染和泄漏。

6.3 运输

产品为非危险品。在运输和装卸过程中，不得使用铁钩等锐利工具，不得抛掷。运输工具应保持清洁、干燥，并备有厢棚或苫布。运输时，产品应避免与沙土、碎金属、煤炭及玻璃等混合装运，应避免与有毒及腐蚀性或易燃物混合装运，并应避免在阳光下暴晒或雨淋。

6.4 贮存

6.4.1 产品应贮存在阴凉、通风、干燥、清洁并具有良好消防设施的仓库内。贮存时，应远离热源，并防止阳光直射，不得在露天堆放。

6.4.2 产品的贮存期，从生产之日起不宜超过 18 个月。

ICS 71.080.80
G 32

团 体 标 准

T/SHXCL 0014—2022

聚乙烯基吡咯烷酮碘络合物(PVP－I)

Polyvinylpyrrolidone-iodine complex (PVP－I)

2022－06－06 发布 2022－08－20 实施

上海市新材料协会 发布

前　言

本文件按照 GB/T 1.1—2020《标准化工作导则　第 1 部分：标准化文件的结构和起草规则》的规定起草。

本文件由上海市新材料协会提出。

本文件由上海市新材料协会标准化技术委员会归口。

本文件起草单位：上海宇昂水性新材料科技股份有限公司、宇昂科技有限公司、上海交通大学材料科学与工程学院、上海大学材料科学与工程学院、上海智同医药科技有限公司、上海应用技术大学、北京生命科学研究所、焦作中维特品药业股份有限公司、高分子材料工程国家重点实验室(四川大学)、英格尔检测技术服务(上海)有限公司。

本文件起草人：王宇、陈占、熊俊超、蒋华攀、杨钦、朱申敏、施鹰、谢建军、陈挺、贾润萍、齐湘兵、张东风、冯玉军、陈硕。

聚乙烯基吡咯烷酮碘络合物(PVP－I)

1 范围

本文件规定了聚乙烯基吡咯烷酮碘络合物(PVP－I)的性能要求、试验方法、检验规则及标志、包装、运输、贮存。

本文件适用于以聚乙烯基吡咯烷酮K30、碘等原料,经络合反应而制成的聚乙烯基吡咯烷酮碘络合物;主要用于医疗卫生、食品工业、养殖业及日用化学品等行业领域。

2 规范性引用文件

下列文件中的内容通过文中的规范性引用而构成本文件必不可少的条款。其中,注日期的引用文件,仅该日期对应的版本适用于本文件;不注日期的引用文件,其最新版本(包括所有的修改单)适用于本文件。

GB/T 601—2016 化学试剂标准滴定溶液的制备

GB/T 603—2002 化学试剂试验方法中所用制剂及制品的制备

GB 1886.73—2015 食品安全国家标准 食品添加剂 不溶性聚乙烯聚吡咯烷酮

GB/T 6678—2003 化工产品采样总则

GB/T 6682—2008 分析实验室用水规格和试验方法

GB/T 8170—2008 数值修约规则与极限数值的表示和判定

GB/T 9724—2007 化学试剂 pH值测定通则

GB/T 26368—2020 含碘消毒剂卫生要求

GB/T 33069—2016 工业用聚 *N*-乙烯基吡咯烷酮检测方法

JJF 1070—2005 定量包装商品净含量计量检验规则

中华人民共和国药典(2020年版)

定量包装商品计量监督管理办法(国家质检总局〔2005〕第75号令)

3 分类

根据有效碘含量不同,聚乙烯基吡咯烷酮碘络合物(PVP－I)可分为:

a) Ⅰ型——有效碘含量为10.0%～12.0%;

b) Ⅱ型——有效碘含量为19.0%～22.0%。

4 性能要求

4.1 外观

黄棕色至红棕色的无定形粉末。

4.2 鉴别

鉴别要求如下:

a) 按 5.3 中 a)试验,溶液呈深蓝色。

b) 按 5.3 中 b)试验,溶液形成棕色、干燥的薄膜,薄膜可溶于水。

4.3 理化性能要求

理化性能应符合表 1 的要求。

表 1 理化性能要求

项目	要求	
	Ⅰ型	Ⅱ型
pH 值(10%水溶液)	1.5～2.5	
有效碘含量(以无水物计)/%	10.0～12.0	19.0～22.0
碘离子(以无水物计)/%	≤6.0	≤2.0
游离碘(1%水溶液)/ppm	≤30	
干燥失重/%	≤8.0	
氮含量(以无水物计)/%	9.5～11.5	8.0～10.0
灼烧残渣(以无水物计)/%	≤0.025	
重金属(以无水物计)/ppm	≤10	
砷盐(以无水物计)/%	≤0.000 15	
加速稳定性(40 ℃,75%RH 下储存 6 个月,有效碘下降率)/%	≤10	
长期稳定性(25 ℃,60%RH 下储存 36 个月,有效碘下降率)/%	≤15	
溶液稳定性(52 ℃下储存 14 天,有效碘下降率)/%	≤6	

5 试验方法

警示:本试验方法中使用的部分试剂有毒性或腐蚀性,操作时须小心谨慎,应做好防护措施,须佩戴合适防护用具,如手套、口罩等,应在通风橱内进行!如溅到皮肤上应立即用水冲洗,严重者应立即治疗。使用易燃性试剂时,严禁使用明火加热。

5.1 总体要求

本文件所用试剂与水,在没有注明其他要求时,均指分析纯试剂及 GB/T 6682—2008 规定的三级水。在未注明其他要求时,试验中所用标准滴定溶液、制剂及制品均按 GB/T 601—2016、GB/T 603—2002 的规定制备。

5.2 外观

在自然光下,采用目测检查。

5.3 鉴别试验

称取约 0.5 g 样品,加水 5 mL,溶解后,按照下述方法试验。

a) 取溶液 1 滴(约 0.05 mL),加水 9 mL、淀粉指示液 1 mL,肉眼观察液体颜色。

b) 取溶液 0.5 mL，涂布在面积约为 7.6 cm×2.6 cm 的玻璃板上，于相对湿度＜40％的室温条件下放置过夜使其干燥，观察是否形成薄膜及薄膜的颜色。如有薄膜，将形成的薄膜放入 10 mL 水中，观察薄膜是否可溶于水。

5.4 pH 值

称取适量试样用无二氧化碳的水配制成 10％的溶液，按 GB/T 9724—2007 的规定进行测定。

5.5 有效碘含量

按 GB/T 26368—2020 附录 A 方法二的规定进行测定。

5.6 碘离子

5.6.1 试剂

5.6.1.1 亚硫酸氢钠试液：10 g/30 mL。

5.6.1.2 硝酸：分析纯，65.0％～68.0％。

5.6.1.3 硝酸银滴定液：0.1 mol/L。

5.6.1.4 硫酸铁铵指示液：100 g/L。

5.6.1.5 硫氰酸铵滴定液：0.1 mol/L。

5.6.2 测定

5.6.2.1 Ⅰ型

称取约 0.5 g 样品，精确至 0.000 1 g，置于 250 mL 锥形瓶中，加水 100 mL，溶解后，滴加亚硫酸氢钠试液数滴，使颜色消失，加硝酸 10 mL，移液管量取硝酸银滴定液 25 mL，摇匀后，加硫酸铁铵指示液 5 mL，用硫氰酸铵滴定液滴定至溶液显淡砖红色，并将滴定的结果用空白实验校正，每 1 mL 硝酸银滴定液(0.1 mol/L)相当于 12.69 mg 的碘。按式(1)计算碘离子的百分含量：

$$\text{碘离子}(\%)=\frac{25\times C}{V_0}\times\frac{V_0-V}{m\times(1-s)}\times 0.126\,9\times 100\%-W \quad\cdots\cdots\cdots\cdots\cdots\cdots\cdots\ (1)$$

式中：

C——硝酸银滴定液的标定浓度，单位为摩尔每升(mol/L)；

V_0——空白组消耗的硫氰酸铵滴定液的体积，单位为毫升(mL)；

V——供试品消耗的硫氰酸铵滴定液的体积，单位为毫升(mL)；

m——供试品的重量，单位为克(g)；

W——供试品有效碘含量，％；

s——供试品的干燥失重，％。

5.6.2.2 Ⅱ型

称取约 0.25 g 样品，精确至 0.000 1 g，按 5.6.2.1 步骤进行测定，按式(1)计算碘离子的百分含量。

5.7 游离碘

按附录 A 的规定进行测定。

5.8 干燥失重

将清洁的称量瓶放置于 105 ℃±2 ℃的烘箱内干燥，直至连续两次干燥后的重量差异不超过 0.3 mg，称重，并记录为 m_1。取样品 5 g，精确至 0.000 1 g，重量记录为 m_2；将所称取样品置于上述恒重后的称量瓶中，在 105 ℃±2 ℃的烘箱内干燥 4 小时后取出，放置于干燥器中冷却至室温，继续干燥，直

至连续两次干燥后的重量差异不超过 5 mg,称重,并记录为 m_3。按式(2)计算产品干燥失重:

$$干燥失重(\%)=\frac{m_1+m_2-m_3}{m_2}\times 100\% \quad \cdots\cdots (2)$$

式中:

m_1——恒重后称量瓶的重量,单位为克(g);

m_2——供试品的重量,单位为克(g);

m_3——干燥后的称量瓶和供试品的重量之和,单位为克(g)。

5.9 氮含量

按 GB 1886.73—2015 中附录 A 中 A.4 的规定进行测定。

5.10 灼烧残渣

按 GB/T 33069—2016 中 4.8 的规定进行测定。

两次平行测定结果的绝对差值应不大于 0.01%。分析结果取两次平行测定结果的算术平均值,计算结果保留到小数点后 3 位。

5.11 重金属

取灼烧残渣(5.10)试验后遗留的残渣,按照《中华人民共和国药典(2020 年版)》通则 0821 第二法的规定进行测定。

5.12 砷盐

称取样品 1.3 g,精确至 0.000 1 g,加入氢氧化钙(分析纯)0.5 g,混匀,加水适量(约 2 mL),搅拌均匀,干燥后,先用小火烧灼使炭化,再在 600 ℃的马弗炉中炽灼至完全灰化,放置于干燥器中冷却至室温,加入盐酸(分析纯,36.0%~38.0%)5 mL 与水 23 mL,按《中华人民共和国药典(2020 年版)》通则 0822 第一法的规定进行测定。

5.13 稳定性

5.13.1 加速稳定性

取样品 5 kg,采用双层聚乙烯塑料袋密封包装于 12 L 的市售包装模拟小桶中,放置于温度 40 ℃±2 ℃、相对湿度 75%±5%的稳定性试验箱中,进行 6 个月加速试验,按 5.5 检测加速试验前后样品的有效碘含量(以无水物计),按式(3)计算有效碘下降率:

$$有效碘下降率(\%)=\frac{W_1-W_2}{W_1}\times 100\% \quad \cdots\cdots (3)$$

式中:

W_1——加速试验前有效碘含量,%;

W_2——加速试验后有效碘含量,%。

加速稳定性试验,应取 3 批产品,每批次产品分别取 3 份样品进行考察。分析结果取每个测定结果的算术平均值,计算结果保留到小数点后两位。测定结果的绝对差值应不大于 1%。

5.13.2 长期稳定性

取样品 5 kg,采用双层聚乙烯塑料袋密封包装于 12 L 的市售包装模拟小桶中,放置于温度 25 ℃±2 ℃,相对湿度 60%±5%的稳定性试验箱中,进行 36 个月长期试验,按 5.5 检测长期试验前后样品的有效碘含量(以无水物计),按式(3)计算有效碘下降率。

长期稳定性试验,应取 3 批产品,每批次产品分别取 3 份样品进行考察。分析结果取每个测定结果的算术平均值，计算结果保留到小数点后两位。测定结果的绝对差值应不大于1%。

5.13.3 **溶液稳定性**

取样品加水稀释，配制成有效碘含量为1.0%的水溶液，取75 mL±5 mL上述溶液，用100 mL高硼硅耐热玻璃瓶密封包装，放置于52 ℃±2 ℃的恒温烘箱中，进行14天溶液稳定性加速试验，按5.5检测加速试验前后加速试验溶液（供试品溶液）样品有效碘含量，按式（3）计算有效碘下降率。

溶液稳定性试验，应取3批产品，每批次产品分别取3份样品进行考察。分析结果取每个测定结果的算术平均值，计算结果保留到小数点后两位。测定结果的绝对差值应不大于0.5%。

6 检验规则

6.1 检验分类

检验分为出厂检验和型式检验。

6.2 出厂检验

出厂检验每批检验一次，检验项目为：

a) 外观；

b) pH值；

c) 有效碘含量；

d) 碘离子；

e) 干燥失重；

f) 灼烧残渣。

6.3 型式检验

型式检验为全项目检验。正常生产时，每年进行一次检验；有下列情况之一时，还应进行型式检验：

a) 新产品或老产品转产生产的试制定型鉴定；

b) 正式生产后，如配方、原料、工艺发生改变，可能影响产品性能时；

c) 停产一年以上，恢复生产时；

d) 出厂检验结果与上次型式检验有较大差异。

6.4 组批

检验以批为单位，同一生产线上、相同原料、相同工艺所生产的产品为一批，每批产品不超过20吨。

6.5 抽样

按GB/T 6678—2003的规定取样。型式检验样品应在出厂检验合格批次中随机抽取。

6.6 判定与复验规则

按照GB/T 8170—2008规定的修约值比较法判定检验结果是否符合本文件要求。出厂检验结果全部符合本文件要求时，判定该批产品合格。检验结果如果有指标不符合本文件要求，应重新在两倍量的包装中采样复验，复验结果有任何一项指标不符合本文件要求时，则整批产品视为不合格。

7 标志、包装、运输、贮存

7.1 标志

每批出厂的产品都应有牢固清晰的标志，内容包括但不限于：厂名、厂址、产品名称、类别、净含量、批号(或生产日期)、检验报告和本文件编号。

7.2 包装

7.2.1 产品应采用内包装为双层聚乙烯塑料袋、外包装为净重 25 kg/桶的瓦楞纸板桶密封包装,或按用户要求包装。包装材料应保证在运输、码放和贮存过程中产品不受污染且不发生泄漏。

7.2.2 净含量应符合按照国家质检总局〔2005〕第 75 号令《定量包装商品计量监督管理办法》和 JJF 1070—2005 的要求。

7.3 运输

产品装卸时要轻放、轻装,严禁撞击乱摔,运输时应有遮盖物,应防潮、防日光暴晒和受热。

7.4 贮存

7.4.1 产品应贮存在通风、避光、阴凉、干燥处。

7.4.2 在符合贮运条件下,自生产之日起,产品保质期为 2 年。

附　录　A

（规范性）
游离碘含量测试方法

A.1　方法提要

采用萃取法检测聚乙烯基吡咯烷酮碘络合物中的游离碘含量。络合碘不溶于正庚烷溶剂中，而元素碘可溶于正庚烷，因此采用正庚烷作萃取剂抽提聚乙烯基吡咯烷酮碘络合物水溶液中的游离碘。

A.2　仪器与器皿

A.2.1　分析天平：精确至 0.000 1 g。
A.2.2　电子秤：精确至 0.01 g。
A.2.3　烧杯：100 mL，若干。
A.2.4　具塞比色管：25 mL，若干。
A.2.5　紫外-可见分光光度计：波长测定范围 190 nm～1 100 nm。
A.2.6　容量瓶：100 mL，若干。
A.2.7　移液管：1 mL、2 mL、5 mL、10 mL，若干。

A.3　试剂

A.3.1　精碘：分析纯，含量大于 99.5%。
A.3.2　正庚烷：分析纯，含量大于或等于 99%。
A.3.3　超纯水或者蒸馏水。

A.4　试验步骤

A.4.1　标准曲线的制备

分别配制碘含量为 0、10 ppm、20 ppm、40 ppm、60 ppm、80 ppm、100 ppm 的正庚烷-碘溶液，以正庚烷作为空白对照，在 520 nm 下检测吸光度，并绘制碘含量-吸光度标准曲线。

A.4.2　测定

用移液管取 1 mL 聚乙烯基吡咯烷酮碘络合物溶液（聚乙烯基吡咯烷酮碘络合物 1%水溶液）置于 25 mL 具塞比色管中，加入正庚烷至具塞比色管 25 mL 刻度线处，剧烈振摇一分钟后，静置十分钟，取上层溶液，用紫外-可见分光光度计检测 520 nm 处的吸光度。以正庚烷作为空白对照。将测得的吸光度代入标准曲线中，计算游离碘含量。

ICS 71.080.80
G 32

团 体 标 准

T/SHXCL 0015—2022

乙烯基吡咯烷酮-乙酸乙烯酯共聚物(PVP-VA)

Vinylpyrrolidone polymer with vinyl acetate (PVP-VA)

2022-06-06 发布 2022-08-20 实施

上海市新材料协会 发布

前　　言

本文件按照 GB/T 1.1—2020《标准化工作导则　第1部分：标准化文件的结构和起草规则》的规定起草。

本文件由上海市新材料协会提出。

本文件由上海市新材料协会标准化技术委员会归口。

本文件起草单位：上海宇昂水性新材料科技股份有限公司、宇昂科技有限公司、上海大学材料科学与工程学院、上海应用技术大学、上海交通大学材料科学与工程学院、上海智同医药科技有限公司、北京生命科学研究所、焦作中维特品药业股份有限公司、高分子材料工程国家重点实验室（四川大学）、英格尔检测技术服务（上海）有限公司。

本文件起草人：王宇、陈占、朱广东、夏阳、吴峰、杨钦、施鹰、谢建军、贾润萍、朱申敏、陈挺、齐湘兵、张东风、冯玉军、陈硕。

乙烯基吡咯烷酮-乙酸乙烯酯共聚物(PVP－VA)

1 范围

本文件规定了乙烯基吡咯烷酮-乙酸乙烯酯共聚物(PVP－VA)的化学名称、分子式、结构式、技术要求、试验方法、检验规则、包装、标志、运输、贮存。

本文件适用于 *N*－乙烯基吡咯烷酮与乙酸乙烯酯在 6∶4 的质量比下合成的乙烯基吡咯烷酮-乙酸乙烯酯共聚物(PVP－VA);该产品可用于医药、化妆品、食品、涂料、黏结剂、印染助剂、分离膜及感光材料等领域。

2 规范性引用文件

下列文件中的内容通过文中的规范性引用而构成本文件必不可少的条款。其中,注日期的引用文件,仅该日期对应的版本适用于本文件;不注日期的引用文件,其最新版本(包括所有的修改单)适用于本文件。

GB/T 601—2016 化学试剂标准滴定溶液的制备

GB/T 603—2002 化学试剂试验方法中所用制剂及制品的制备

GB 1886.73—2015 食品安全国家标准 食品添加剂 不溶性聚乙烯聚吡咯烷酮

GB/T 6283—2008 化工产品中水分含量的测定卡尔·费休法(通用方法)

GB/T 6678—2003 化工产品采样总则

GB/T 6680—2003 液体化工产品采样通则

GB/T 6682—2008 分析实验室用水规格和试验方法

GB/T 8170—2008 数值修约规则与极限数值的表示和判定

GB/T 33069—2016 工业用聚 *N*－乙烯基吡咯烷酮检测方法

JJF 1070—2005 定量包装商品净含量计量检验规则

中华人民共和国药典(2020 年版)

定量包装商品计量监督管理办法(国家质检总局〔2005〕第 75 号令)

3 术语和定义

下列术语和定义适用于本文件。

3.1

K 值 K value

乙烯基吡咯烷酮-乙酸乙烯酯共聚物(PVP－VA)产品分子量的一种表示方法。

注:K 值是通过测定一定浓度的乙烯基吡咯烷酮-乙酸乙烯酯共聚物(PVP－VA)水溶液的相对黏度,采用 Fikentscher(音译:菲肯切尔)公式计算得到的,是不随 PVP－VA 溶液的浓度而改变的常数。

4 化学名称、分子式、结构式

化学名称：1-乙烯基-2-吡咯烷酮与乙酸乙烯酯共聚物

1-vinyl-2-pyrrolidone polymer with vinyl acetate

分子式：$(C_6H_9NO)_n+(C_4H_6O_2)_m$

结构式：

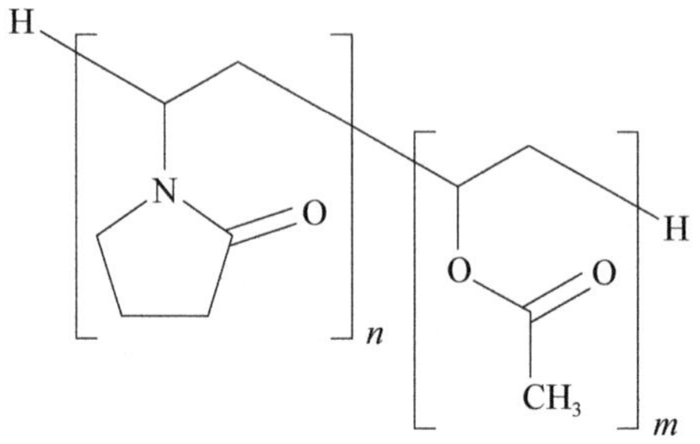

注：n、m 分别为 N-乙烯基吡咯烷酮与乙酸乙烯酯的链节的平均数。

5 技术要求

技术要求应符合表1的规定。

表1 技术要求

项目	要求	
	粉末	溶液
外观	白色或黄白色粉末或片状固体	无色至浅黄色、澄清透明、黏稠溶液
溶液澄清度和颜色	应符合6.3要求	—
K值	标示值的90.0%～110.0%	
水分/%	≤5.0	—
固含量/%	—	标示值的95.0%～105.0%
N-乙烯基吡咯烷酮(以无水物计)/%	≤0.001	
乙酸乙烯酯(以无水物计)/%	≤0.001	
2-吡咯烷酮(以无水物计)/%	≤0.5	
共聚物乙酸乙烯酯(以无水物计)/%	35.3～41.4	
氮含量(以无水物计)/%	7.0～8.0	
灼烧残渣(以无水物计)/%	≤0.10	
重金属(以无水物计)/ppm	≤20	
醛(以无水物计)/%	≤0.05	
肼(以无水物计)/ppm	≤1	
过氧化物(以无水物计,用 H_2O_2 表示)/ppm	≤400	

6 试验方法

警示：本试验方法中使用的部分试剂有毒性或腐蚀性，操作时须小心谨慎，应做好防护措施，须佩戴合适防护用具，如手套、口罩等，应在通风橱内进行！如溅到皮肤上应立即用水冲洗，严重者应立即治疗。使用易燃性试剂时，严禁使用明火加热。

6.1 总体要求

本文件所用试剂与水，在没有注明其他要求时，均指分析纯试剂和 GB/T 6682—2008 规定的三级水。试验中所用标准滴定溶液、制剂及制品，在未注明其他要求时，均按 GB/T 601—2016、GB/T 603—2002 的规定制备。

6.2 外观

6.2.1 固体试样：在室内自然光下，采用目测检查。

6.2.2 液体试样：取 50 mL～60 mL 试样，置于清洁、干燥的 100 mL 试管中，在室内自然光下目测。

6.3 溶液澄清度和颜色

称取本品 1.0 g(以无水物计)，加水 10 mL 溶解搅拌均匀后，溶液应澄清无色；如显浑浊，则与 3 号浊度标准液(《中华人民共和国药典(2020 年版)》通则 0902)比较，如更浓，则为不合格；如显色，则与黄色 2 号或棕红色 3 号标准比色液(《中华人民共和国药典(2020 年版)》通则 0901)比较，如更深，则为不合格。

6.4 K 值

按 GB/T 33069—2016 中 4.3 的规定进行检测。

两次平行测定结果差值的绝对值应不大于 0.1。分析结果取两次平行测定结果的算术平均值。计算结果精确到小数点后一位。

6.5 水分

按 GB/T 6283—2008 的规定进行检测。

两次平行测定结果的绝对差值应不大于其算术平均值的 10%。分析结果取两次平行测定结果的算术平均值。

6.6 固含量

按 GB/T 33069—2016 中 4.6 的规定进行检测。

液体试样中两次平行测定结果的绝对差值应不大于 0.5%，取两次平行测定结果的算术平均值为分析结果，计算结果保留到小数点后一位。

6.7 N-乙烯基吡咯烷酮、乙酸乙烯酯、2-吡咯烷酮

按附录 A 的规定进行检测。

6.8 共聚物乙酸乙烯酯

取本品 1.0 g，精确至 0.000 1 g；按照《中华人民共和国药典(2020 年版)》通则 0713 测定皂化值，按式(1)计算样品中被聚合的乙酸乙烯酯的含量 w_1。

$$w_1 = 0.1 \times \frac{M_{r1}}{M_{r2}} \times S \qquad (1)$$

式中：

w_1——试样中共聚物乙酸乙烯酯含量，%；

M_{r1}——乙酸乙烯酯分子量（$M_{r1}=86.09$）；

M_{r2}——氢氧化钾分子量（$M_{r2}=56.11$）；

S——皂化值。

6.9 氮含量

按 GB 1886.73—2015 附录 A 中 A.4 的规定进行检测。

6.10 灼烧残渣

按 GB/T 33069—2016 中 4.8 的规定进行检测。

两次平行测定结果的绝对差值应不大于 0.01%。分析结果取两次平行测定结果的算术平均值，计算结果保留到小数点后两位。

6.11 重金属

取灼烧残渣项下遗留的残渣，按照《中华人民共和国药典（2020 年版）》通则 0821 第二法检查。

6.12 醛

6.12.1 试验用溶液的制备

磷酸盐缓冲液（pH＝9.0）：取磷酸二氢钾 1.74 g，加水 80 mL 溶解后，用 1 mol/L 氢氧化钾溶液调节 pH 值至 9.0，再加水稀释至 100 mL。

烟酰胺腺嘌呤二核苷酸溶液：取 β-烟酰胺腺嘌呤二核苷酸适量，倒入玻璃瓶中，加磷酸盐缓冲液（pH＝9.0）溶解并稀释制成每 1 mL 含 4 mg 的溶液。溶液需现配现用。

醛脱氢酶溶液：取低压冻干粉醛脱氢酶适量，加水溶解并稀释制成每 1 mL 含 7 U 的溶液。该溶液需于 4 ℃下存放，有效期为 8 h。

6.12.2 供试品溶液的制备

称取本品 1.0 g，精确至 0.000 1 g，置 100 mL 容量瓶中，加磷酸盐缓冲液（pH＝9.0）溶解并稀释至刻度，摇匀，密塞，在 60 ℃恒温水浴中放置 1 h 后，冷却至室温。

6.12.3 对照品溶液的制备

取乙醛合氨三聚体 0.140 g，置 200 mL 容量瓶中，用水溶解并稀释至刻度，摇匀，移液管量取 1 mL，置 100 mL 容量瓶中，加磷酸盐缓冲液（pH＝9.0）稀释至刻度，摇匀。

6.12.4 测定

移液管量取供试品溶液 0.5 mL，置于比色皿中，依次加入磷酸盐缓冲液 2.5 mL、烟酰胺腺嘌呤二核苷酸溶液 0.2 mL，加盖，混匀，在 22 ℃±2 ℃水浴中放置 2 min～3 min，以水为参比，参照《中华人民共和国药典（2020 年版）》通则 0401 中紫外-可见分光光度法，在 340 nm 的波长处测定吸光度；再在同一比色皿中加醛脱氢酶溶液 0.05 mL，加盖，混匀，在 22 ℃±2 ℃水浴中放置 5 min，以水为参比，在 340 nm 的波长处测定吸光度。另取空白溶液（水）、对照品溶液同法操作。按式（2）计算醛含量：

$$w_2=\frac{(A_{t2}-A_{t1})-(A_{b2}-A_{b1})}{(A_{s2}-A_{s1})-(A_{b2}-A_{b1})}\times\frac{C}{m\times 10}\times 100\% \qquad (2)$$

式中：

w_2——试样中醛含量，%；

A_{t1}——加醛脱氢酶溶液前供试品溶液的吸光度；

A_{t2}——加醛脱氢酶溶液后供试品溶液的吸光度；

A_{s1}——加醛脱氢酶溶液前对照品溶液的吸光度；
A_{s2}——加醛脱氢酶溶液后对照品溶液的吸光度；
A_{b1}——加醛脱氢酶溶液前空白溶液的吸光度；
A_{b2}——加醛脱氢酶溶液后空白溶液的吸光度；
C——对照品溶液浓度，单位为毫克每毫升（mg/mL）（乙醛合氨三聚体折算为乙醛的系数为 0.72）；
m——取样量（以无水物计），单位为克（g）。

6.13 肼

6.13.1 供试品溶液

称取本品 2.5 g，精确至 0.000 1 g；倒入 50 mL 离心管中，加水 25 mL 搅拌溶解，加入 5%水杨醛甲醇溶液 0.5 mL，摇匀，放置于 60 ℃的水浴中加热 15 min，取出冷却至室温，加入二甲苯 2.0 mL，密塞，剧烈振摇 2 min，离心后，取二甲苯层的上清液作为供试品溶液。

6.13.2 对照品溶液

称取水杨醛吖嗪对照品适量，加二甲苯溶解并稀释制成每 1 mL 含 9 μg 的溶液，作为对照品溶液。

6.13.3 测定

按照《中华人民共和国药典（2020 年版）》通则 0502 中薄层色谱法进行试验，吸取上述两种溶液各 10 μL，分别点于同一二甲基硅烷化硅胶薄层板，以甲醇-水（体积比＝80∶20）为展开剂，展开，取出，晾干，置于紫外灯（365 nm）下检视供试品溶液和对照品溶液的荧光斑点。若供试品溶液显现出与对照品溶液相应的荧光斑点，且荧光强度比对照品溶液的斑点更深，则为不合格。

6.14 过氧化物

6.14.1 三氯化钛-硫酸溶液制备

量取 20 mL 15%三氯化钛溶液（称取 15 g 三氯化钛溶于 100 mL 10%盐酸溶液中），在冰浴条件下，与 13 mL 硫酸（95.0%～98.0%）小心混合均匀，加入适量浓过氧化氢溶液（分析纯，≥30%）直至出现黄色，加热至冒白烟，随后冷却至室温，反复用水稀释并蒸发溶液直至溶液几乎无色，加水得无色溶液，并加水至 100 mL，摇匀。

6.14.2 测定

称取本品 4.0 g（以无水物计），精确至 0.000 1 g；置 100 mL 容量瓶中，加水溶解并稀释至 100 mL 刻度，摇匀，作为贮备液。移液管量取 25 mL，加入三氯化钛-硫酸溶液 2.0 mL，摇匀，放置 30 min，作为供试品溶液。移液管量取贮备液 25 mL，加入 13%硫酸溶液 2.0 mL，摇匀，放置 30 min，作为空白溶液，按照《中华人民共和国药典（2020 年版）》通则 0401 中紫外-可见分光光度法，在 405 nm 波长处测定吸光度，如吸光度大于 0.35（0.35 相当于 400 ppm 的 H_2O_2），则为不合格。

7 检验规则

7.1 检验分类

检验分为出厂检验和型式检验。

7.2 出厂检验

出厂检验每批检验一次，检验项目为：外观、溶液澄清度和颜色、K 值、固含量或水分、*N*-乙烯基吡咯烷酮、乙酸乙烯酯、2-吡咯烷酮、共聚物乙酸乙烯酯、氮含量、灼烧残渣、过氧化物。

7.3 型式检验

型式检验为全项目检验。正常生产时，每年进行一次检验；有下列情况之一时，还应进行型式检验：

a) 新产品或老产品转产生产的试制定型鉴定；

b) 正式生产后，如配方、原料、工艺改变，可能影响产品性能时；

c) 产品停产一年以上，恢复生产；

d) 出厂检验结果与上次型式检验有较大差异。

7.4 组批

本产品以同一生产线上、相同原料、相同工艺所生产的同一牌号的产品组批，同一批次不超过20吨。

7.5 抽样

按GB/T 6678—2003和GB/T 6680—2003的规定取样。型式检验样品应在出厂检验合格批次中随机抽取。

7.6 判定与复验规则

按照GB/T 8170—2008规定的修约值比较法判定检验结果是否符合本文件。出厂检验结果全部符合本文件要求时，判定该批产品合格。检验结果如果有指标不符合本文件要求，应重新在两倍量的包装中采样复验，复验结果有任何一项指标不符合本文件要求时，则该批产品视为不合格。

8 标志、包装、运输、贮存

8.1 标志

每批出厂的产品都应有牢固清晰的标志，内容包括：厂名、厂址、产品名称、类别、净含量、批号（或生产日期）、检验报告和本文件编号。

8.2 包装

8.2.1 产品应采用双层塑料袋外加密封桶或按用户要求的其他包装形式，包装材料应保证在运输、码放、贮存时不受污染且不发生泄漏。每桶产品的净含量可为20 kg或按用户要求包装。

8.2.2 净含量应符合国家质检总局〔2005〕第75号令《定量包装商品计量监督管理办法》和JJF 1070—2005的要求。

8.3 运输

运输时应做好防雨、防潮，严禁在阳光下暴晒或雨淋，亦不可与易燃物、有毒或腐蚀性物质混装。

8.4 贮存

8.4.1 产品应贮存在通风、避光、阴凉、干燥处。

8.4.2 在符合贮运条件下，自生产之日起，固体产品保质期为2年，溶液产品保质期为6个月。

附　录　A

（规范性）

N－乙烯基吡咯烷酮、乙酸乙烯酯、2－吡咯烷酮测试方法

A.1　方法提要

试样用流动相溶解，以甲醇＋乙腈＋水为流动相，使用 C_{18} 为填料的不锈钢柱和紫外检测器（235 nm、205 nm），对试样中的残留 *N*－乙烯基吡咯烷酮、2－吡咯烷酮、乙酸乙烯酯进行色谱分离，并通过外标法定量。

A.2　仪器与器皿

A.2.1　天平：精确至 0.000 1 g。

A.2.2　高效液相色谱仪：具有可变波长紫外检测器。

A.2.3　色谱数据处理机或色谱工作站。

A.2.4　色谱柱及色谱保护柱：250 mm×4.6 mm 不锈钢柱，30 mm×4.6 mm 不锈钢保护柱，内装十八烷基键合硅胶、5 μm 填充物（或具有等同效果的色谱柱）。

A.2.5　过滤器：滤膜孔径约 0.45 μm。

A.2.6　定量进样管：20 μL。

A.2.7　超声波清洗器。

A.3　试剂

A.3.1　甲醇、乙腈：色谱纯。

A.3.2　水：新蒸二次蒸馏水或相同纯度的水。

A.3.3　*N*－乙烯基吡咯烷酮、2－吡咯烷酮、乙酸乙烯酯：对照品。

A.4　高效液相色谱操作条件

A.4.1　流动相 A：水-乙腈-甲醇（90：5：5，V/V/V），用 0.45 μm 滤膜过滤，超声 10 min 后备用。

流动相 B：水-乙腈-甲醇（50：45：5，V/V/V），用 0.45 μm 滤膜过滤，超声 10 min 后备用。

A.4.2　柱温：30 ℃。

A.4.3　*N*－乙烯基吡咯烷酮检测波长为 235 nm；2－吡咯烷酮和乙酸乙烯酯的检测波长为 205 nm。

A.4.4　进样体积：20 μL。

A.4.5　流速：1.0 mL/min。

A.4.6　梯度洗脱按表 A.1 进行。

表 A.1　梯度洗脱要求

时间/min	流动相 A/%	流动相 B/%
0	100	0
2	100	0
26	80	20

续 表

时间/min	流动相 A/%	流动相 B/%
27	0	100
36	0	100
38	100	0

注：上述操作参数是典型的，可根据不同仪器特点，对给定的操作参数作适当调整，以期获得最佳效果。

A.5 试验步骤

A.5.1 标样溶液的制备

取适量 *N* -乙烯基吡咯烷酮、乙酸乙烯酯和 2 -吡咯烷酮对照品，精密称定，用甲醇溶解并稀释制成每 1 mL 约含 10 μg *N* -乙烯基吡咯烷酮、10 μg 乙酸乙烯酯、5.0 mg 2 -吡咯烷酮的溶液，移液管量取 5 mL，置 100 mL 容量瓶中，加流动相 A 稀释至刻度，摇匀，作为对照品溶液。

A.5.2 试样溶液的制备

称量 0.5 g 试样(以无水物计)，精确至 0.000 1 g。置于 10 mL 容量瓶中，用 2 mL 甲醇溶解，超声均匀，加水稀释至刻度并摇匀。

A.5.3 测定

取对照品溶液 20 μL 注入液相色谱仪，2 -吡咯烷酮峰、*N* -乙烯基吡咯烷酮峰和乙酸乙烯酯峰各峰之间的分离度均应大于 2.0。移液管量取供试品溶液与对照品溶液各 20 μL，分别注入液相色谱仪，记录色谱图，按外标法，根据峰面积进行计算，*N* -乙烯基吡咯烷酮、乙酸乙烯酯均不得过 0.001%，2 -吡咯烷酮不得过 0.5%。

A.6 结果处理

对 *N* -乙烯基吡咯烷酮、乙酸乙烯酯、2 -吡咯烷酮标样和试样峰面积进行平均，取平均值进行计算，试样中(以无水物计)*N* -乙烯基吡咯烷酮、乙酸乙烯酯、2 -吡咯烷酮标样含量按式(A.1)计算：

$$w_0 = \frac{A_T}{A_S} \times \frac{C_S}{1\,000 \times C_T} \times 100\% \quad \cdots\cdots (A.1)$$

式中：

w_0——试样中 *N* -乙烯基吡咯烷酮、乙酸乙烯酯和 2 -吡咯烷酮的含量，以质量分数计，为无量纲的量，%；

C_S——标样溶液中 *N* -乙烯基吡咯烷酮、乙酸乙烯酯和 2 -吡咯烷酮的浓度，单位为微克每毫升(μg/mL)；

C_T——试样溶液中 PVP - VA 的浓度，单位为毫克每毫升(mg/mL)；

A_T——试样中 *N* -乙烯基吡咯烷酮、乙酸乙烯酯、2 -吡咯烷酮的峰面积；

A_S——标样中 *N* -乙烯基吡咯烷酮、乙酸乙烯酯、2 -吡咯烷酮的峰面积。

ICS 71.080.80
G 32

团 体 标 准

T/SHXCL 0016—2022

乙烯基吡咯烷酮交联聚合物(PVP－P)

Cross-linked polyvinylpyrrolidone（PVP－P）

2022－06－06 发布　　2022－08－20 实施

上海市新材料协会　发布

前　言

本文件按照 GB/T 1.1—2020《标准化工作导则　第 1 部分：标准化文件的结构和起草规则》的规定起草。

本文件由上海市新材料协会提出。

本文件由上海市新材料协会标准化技术委员会归口。

本文件起草单位：上海宇昂水性新材料科技股份有限公司、宇昂科技有限公司、上海大学材料科学与工程学院、上海交通大学材料科学与工程学院、上海智同医药科技有限公司、上海应用技术大学、北京生命科学研究所、焦作中维特品药业股份有限公司、高分子材料工程国家重点实验室(四川大学)、英格尔检测技术服务(上海)有限公司。

本文件起草人：王宇、陈占、朱广东、熊俊超、马艳梅、杨钦、施鹰、谢建军、朱申敏、陈挺、贾润萍、齐湘兵、张东风、冯玉军、陈硕。

乙烯基吡咯烷酮交联聚合物(PVP－P)

1　范围

本文件规定了乙烯基吡咯烷酮交联聚合物(PVP－P)的分类、性能要求、试验方法、检验规则及标志、包装、运输、贮存。

本文件适用于乙烯基吡咯烷酮交联聚合物(PVP－P);该产品作为絮凝剂、吸附剂、净洗剂、崩解剂应用于食品饮料、医药、化妆品、油墨、染料、膜分离等领域。

2　规范性引用文件

下列文件中的内容通过文中的规范性引用而构成本文件必不可少的条款。其中,注日期的引用文件,仅该日期对应的版本适用于本文件;不注日期的引用文件,其最新版本(包括所有的修改单)适用于本文件。

GB/T 601—2016　化学试剂　标准滴定溶液的制备

GB/T 603—2002　化学试剂　试验方法中所用制剂及制品的制备

GB 1886.73—2015　食品安全国家标准　食品添加剂　不溶性聚乙烯聚吡咯烷酮

GB/T 6678—2003　化工产品采样总则

GB/T 6682—2008　分析实验室用水规格和试验方法

GB/T 8170—2008　数值修约规则与极限数值的表示和判定

GB/T 9724—2007　化学试剂　pH 值测定通则

GB/T 33069—2016　工业用聚 *N*-乙烯基吡咯烷酮检测方法

JJF 1070—2005　定量包装商品净含量计量检验规则

中华人民共和国药典(2020 年版)

定量包装商品计量监督管理办法(国家质检总局〔2005〕第 75 号令)

3　术语和定义

下列术语和定义适用于本文件。

3.1

乙烯基吡咯烷酮交联聚合物(PVP－P)　cross-linked polyvinylpyrrolidone(PVP－P)

以 *N*-乙烯基吡咯烷酮为原料,在催化剂或者 *N*,*N*′-二乙烯基咪唑啉酮的存在下聚合制成的不溶性交联共聚物。

4　分类

按筛分残留分数的不同,乙烯基吡咯烷酮交联聚合物(PVP－P)可分为:

a) A 型——筛分残留分数＞15%;

b) B 型——筛分残留分数≤15%。

5 性能要求

5.1 外观

白色或类白色粉末。

5.2 鉴别

鉴别要求如下：

a) 本品的红外光吸收图谱应与标准对照品的图谱一致；

b) 按 6.3 中 b)试验，应不显蓝色；

c) 按 6.3 中 c)试验，15 min 内未变成澄清透明溶液。

5.3 理化性能要求

理化性能应符合表 1 的要求。

表 1 理化性能要求

项目	要求	
	A 型	B 型
筛分残留分数/%	>15	≤15
水中可溶物(以干品计)/%	≤1.0	
干燥失重/%	≤5.0	
pH 值(1%w/v 悬浮液)	5.0～8.0	
氮含量(以干品计)/%	11.0～12.8	
自由吸水量/(g/g)	>3	
自由膨胀体积/(mL/g)	>6	
自由膨胀速率/min	≤10	
N-乙烯基吡咯烷酮(以干品计)/ppm	≤10	
N,*N*′-二乙烯基咪唑啉酮(以干品计)/(mg/kg)	≤2	
过氧化物(以干品计)/ppm	≤400	≤1 000
灼烧残渣(以干品计)/%	≤0.10	
重金属(以干品计)/ppm	≤10	
砷盐(以干品计)/%	≤0.000 2	

6 试验方法

警示：本试验方法中使用的部分试剂有毒性或腐蚀性，操作时须小心谨慎，应做好防护措施，须佩戴合适防护用具，如手套、口罩等，应在通风橱内进行！如溅到皮肤上应立即用水冲洗，严重者应立即治疗。使用易燃性试剂时，严禁使用明火加热。

6.1 总体要求

本文件所用试剂与水，在没有注明其他要求时，均指分析纯试剂和 GB/T 6682—2008 规定的三级水。试验中所用标准滴定溶液、制剂及制品，在未注明其他要求时，均按 GB/T 601—2016、GB/T 603—2002 的规定制备。

6.2 外观

自然光下，采用目测检查。

6.3 鉴别试验

鉴别试验按如下规定进行：

a）使用红外分光光度法，绘制本品的红外光吸收图谱，并将其与标准对照品的标准图谱进行对照；

b）取样品 1 g，加水 10 mL，振摇使其分散成混悬液，加入 0.1 mL 碘试液（0.005 mol/L），振摇 30 s，加入淀粉指示液 1 mL，振摇，观察液体颜色；

c）取样品 0.1 g，加水 10 mL，振摇使其分散成混悬液，在 15 min 内观察液体的澄清情况。

6.4 筛分残留分数

将分析筛（孔径 63 μm）在热水中清洗，并在 105 ℃±2 ℃的干燥箱中干燥 24 h，冷却 30 min 后称重，记录筛子重量 m_1。称取干燥样品 20 g，精确至 0.000 1 g，记录重量为 m_2；将称取的样品放入 1 000 mL 的锥形烧瓶中，加入 500 mL 的水，振摇悬浮液 30 min。将悬浮液倒入分析筛（孔径 63 μm），用水冲洗，直到滤液澄清。在没有空气流通的情况下，将筛子和供试品残留物置于 105 ℃±2 ℃的干燥箱中干燥 5 h，随后在干燥器中冷却 30 min 并称重，记录重量为 m_3。按式（1）计算筛分残留分数 f：

$$f = \frac{m_3 - m_1}{m_2} \times 100\% \quad \cdots\cdots (1)$$

式中：

f——筛分残留分数，%；

m_1——筛子的重量，单位为克（g）；

m_2——供试品的重量，单位为克（g）；

m_3——干燥 5 h 后，筛子和供试品残留物的重量之和，单位为克（g）。

6.5 水中可溶物

称取 25.0 g 样品，精确至 0.000 1 g，记录重量为 m_1；将所称取样品置于烧杯中，加水 200 mL，搅拌 1 h，转移至 250 mL 容量瓶中，用水稀释至 250 mL 刻度，摇匀，静置（不超过 24 h）；取上层溶液，离心 30 min（3 500 r/min）后，用 0.45 μm 滤膜过滤上清液（可抽滤），移液管量取上述滤膜过滤后的续滤液 50 mL，置于已在 105 ℃±2 ℃条件下干燥 3 h 并称重为 m_2 的烧杯中，在 105 ℃±2 ℃烘箱中蒸发至干，随后继续干燥 3 h 后，置于干燥器中放冷称重，记录重量为 m_3。按式（2）计算水中可溶物 q 的含量：

$$q = \frac{m_3 - m_2}{m_1} \times 5 \times 100\% \quad \cdots\cdots (2)$$

式中：

q——样品水中可溶物含量，%；

m_1——供试品的重量，单位为克（g）；

m_2——烧杯的重量，单位为克（g）；

m_3——烧杯和残渣的重量之和，单位为克（g）。

6.6 干燥失重

将清洁的称量瓶放置于 105 ℃±2 ℃的烘箱中干燥，取出后置于干燥器中冷却 30 min 并称重，直至连续两次干燥后的重量差异不超过 0.3 mg，称重并记录重量为 m_1。取本品 0.5 g，精确至 0.000 1 g，重量记录为 m_2；将所称取样品置于上述恒重后的称量瓶中，在 105 ℃±2 ℃的烘箱中干燥 4 h，取出后置于干燥器中冷却 30 min 并称重，直至连续两次干燥后的重量差异不超过 5 mg，称重并记录重量为 m_3。按式(3)计算产品的干燥失重 W：

$$W = \frac{m_1 + m_2 - m_3}{m_2} \times 100\% \quad \cdots\cdots (3)$$

式中：

W——样品的干燥失重，%；

m_1——恒重后称量瓶的重量，单位为克(g)；

m_2——供试品的重量，单位为克(g)；

m_3——干燥后称量瓶和供试品的重量之和，单位为克(g)。

6.7 pH 值

取本品 1.0 g，加入无二氧化碳的水 100 mL，搅拌使成均匀混悬液，然后按 GB/T 9724—2007 中的规定进行检测。

6.8 氮含量

按 GB 1886.73—2015 中附录 A 中 A.4 的规定进行测定。

6.9 自由吸水量

称取本品 2.0 g，精确至 0.000 1 g；重量记录为 m_1；置于事先称重为 m_2 的 100 mL 离心管中，加入 100 mL 水，室温放置 24 h 后，离心(5 000 r/min)15 min，用滴管吸去上层液体，称重记录为 m_3。按式(4)计算供试品 24 h 自由吸水量 w_1：

$$w_1 = \frac{m_3 - m_2 - m_1}{m_1} \quad \cdots\cdots (4)$$

式中：

w_1——供试品的自由吸水量，单位为克每克(g/g)；

m_1——供试品的重量，单位为克(g)；

m_2——离心管的重量，单位为克(g)；

m_3——离心后离心管及供试品的重量之和，单位为克(g)。

6.10 自由膨胀体积

称取本品 2.0 g，加入 100 mL 量筒中，加去离子水 100 mL，剧烈振动搅拌，使粉末完全悬浮在水中，静置 24 h 后，观察样品膨胀后达到的刻度，记下吸水后样品的体积。

6.11 自由膨胀速率

称取本品 3.0 g，采用数显压力机用 20 N 的力使其压实。用膨胀速度测定仪测定体系在 0 min、5 min、10 min、15 min、20 min、25 min 和 30 min 的体积，以时间为横坐标，以膨胀率为纵坐标，绘制体积膨胀率随时间变化的曲线图。通过膨胀率-时间曲线图，计算膨胀率达到 30%所需的时间。

6.12 *N*-乙烯基吡咯烷酮

按附录 A 的规定进行。

6.13 *N*,*N*′-二乙烯基咪唑啉酮

按 GB 1886.73—2015 中附录 A 中 A.9 的规定进行检测。

6.14 过氧化物

6.14.1 三氯化钛-硫酸溶液制备

量取 20 mL 的 15%三氯化钛溶液(称取 15 g 三氯化钛溶于 100 mL 的 10%盐酸溶液中),在冰浴条件下与 13 mL 硫酸(95.0%～98.0%)小心混合均匀,加适量浓过氧化氢溶液(分析纯,≥30%)至出现黄色,加热至冒白烟,随后冷却至室温,反复用水稀释并蒸发至溶液近无色,加水得无色溶液,并加水至 100 mL,摇匀。

6.14.2 贮备液制备

取本品 4.0 g(以干品计),精确至 0.000 1 g,加水 100 mL,并搅拌使成均匀混悬液,作为贮备液。

6.14.3 测定

对于 A 型样品,用移液管量取贮备液 25 mL,加入三氯化钛-硫酸溶液 20 mL,在冰浴条件下与硫酸 13 mL(95.0%～98.0%)小心混合均匀,加适量浓过氧化氢溶液(分析纯,≥30%)至出现黄色,加热至冒白烟,冷却至室温,反复用水稀释并蒸发至溶液近无色,加水得无色溶液,并加水至 100 mL,摇匀。取 2.0 mL,摇匀,放置 30 min,作为供试品溶液;用移液管量取贮备液 25 mL,加入硫酸溶液(13%)2.0 mL,摇匀,放置 30 min,作为空白溶液。用紫外-可见分光光度计,在 405 nm 的波长处测定吸光度,吸光度不得大于 0.35(0.35 相当于 400 ppm 的 H_2O_2)。

对于 B 型样品,用移液管量取贮备液 10 mL,用水稀释至 25 mL 进行测试。

6.15 灼烧残渣

按 GB/T 33069—2016 中 4.8 的规定进行检测。

两次平行测定结果的绝对差值应不大于 0.01%。分析结果取两次平行测定结果的算术平均值,计算结果保留到小数点后两位。

6.16 重金属

取灼烧残渣项下遗留的残渣,按照《中华人民共和国药典(2020 年版)》通则 0821 第二法检查。

6.17 砷盐

取本品 1.0 g,精确至 0.000 1 g,置于凯氏烧瓶中,加入硫酸(分析纯,95.0%～98.0%)5 mL,小火加热至完全炭化后[必要时可添加硫酸(分析纯,95.0%～98.0%),总量不超过 10 mL],缓缓滴加浓过氧化氢溶液(分析纯,≥30%),待反应停止再继续加热,并滴加浓过氧化氢溶液(分析纯,≥30%)至溶液无色,放冷至室温,加水 10 mL,蒸发除尽过氧化氢,加入盐酸(分析纯,36.0%～38.0%)5 mL 与水适量,按《中华人民共和国药典(2020 年版)》通则 0822 进行检查。

7 检验规则

7.1 检验分类

检验分为出厂检验和型式检验。

7.2 出厂检验

出厂检验每批检验一次，检验项目为：外观、鉴别、筛分残留分数、水中可溶物、干燥失重、pH 值、*N*-乙烯基吡咯烷酮、过氧化物、灼烧残渣。

7.3 型式检验

型式检验为全项目检验。正常生产时，每年进行一次检验；有下列情况之一时，还应进行型式检验：

a) 新产品或老产品转产生产的试制定型鉴定；

b) 正式生产后，如配方、原料、工艺改变，可能影响产品性能时；

c) 产品停产一年以上，恢复生产；

d) 出厂检验结果与上次型式检验有较大差异。

7.4 组批

本产品以同一生产线上、相同原料、相同工艺所生产的同一牌号的产品组批，同一批次不超过20 吨。

7.5 抽样

按 GB/T 6678—2003 规定取样。型式检验样品应在出厂检验合格批次中随机抽取。

7.6 判定与复验规则

按照 GB/T 8170—2008 规定的修约值比较法判定检验结果是否符合本文件。出厂检验结果全部符合本文件要求时，判定该批产品合格。检验结果如果有指标不符合本文件要求，应重新在两倍量的包装中采样复验，复验结果有任何一项指标不符合本文件要求时，则整批产品视为不合格。

8 标志、包装、运输、贮存

8.1 标志

每批出厂的产品都应有牢固清晰的标志，内容包括但不限于：厂名、厂址、产品名称、类别、净含量、批号(或生产日期)、检验报告和本文件编号。

8.2 包装

8.2.1 产品应采用双层塑料袋外加密封桶或按用户要求的其他包装形式，包装材料应保证在运输、码放、贮存时不受污染且不发生泄漏。每桶产品的净含量可为 20 kg 或按用户要求包装。

8.2.2 净含量应符合国家质检总局〔2005〕第 75 号令《定量包装商品计量监督管理办法》和 JJF 1070—2005 的要求。

8.3 运输

产品装卸时要轻放、轻装、严禁撞击乱摔，运输时应有遮盖物，应防潮、防日光暴晒和受热。

8.4 贮存

8.4.1 产品应贮存在通风、避光、阴凉、干燥处。

8.4.2 在符合贮运条件下，自生产之日起，产品保质期三年。

附 录 A

（规范性）

N -乙烯基吡咯烷酮检验方法

A.1 方法提要

乙烯基吡咯烷酮交联聚合物中 N -乙烯基吡咯烷酮经水提取，静置后过膜，采用配有紫外检测器的高效液相色谱仪测定，采用外标法定量。

A.2 仪器与器皿

A.2.1 天平：精确至 0.000 1 g。

A.2.2 高效液相色谱仪：具有可变波长紫外检测器。

A.2.3 色谱数据处理机或色谱工作站。

A.2.4 色谱柱及色谱保护柱：250 mm×4.6 mm 不锈钢柱，内装十八烷基键合硅胶、5 μm 填充物（或具有等同效果的色谱柱）。

A.2.5 尼龙针头滤膜：孔径 0.22 μm，或相当孔径的水系滤膜。

A.2.6 定量进样管：20 μL。

A.3 试剂

A.3.1 甲醇、乙腈：液相色谱纯。

A.3.2 水：新蒸二次蒸馏水或相同纯度的水。

A.3.3 N -乙烯基吡咯烷酮、乙酸乙烯酯：对照品，含量≥99%。

A.4 高效液相色谱操作条件

A.4.1 流动相：乙腈-水（体积比为 8∶92），用 0.45 μm 滤膜过滤，超声 10 min 后备用。

A.4.2 检测波长：235 nm。

A.4.3 进样体积：20 μL。

A.4.4 流速：1.0 mL/min。

A.5 试验步骤

A.5.1 对照品溶液的制备

取 N -乙烯基吡咯烷酮对照品适量，用流动相溶解，并稀释制成每 1 mL 约含 0.25 μg 的溶液，作为对照品溶液。

A.5.2 试样溶液的制备

准确称取 1.25 g 试样，精确至 0.000 1 g，放入锥形瓶中，准确加入 50 mL 水，加盖密封，在振荡器上振荡 60 min，静置。上清液用滤膜（A.2.5）过滤。

A.5.3 系统适用性溶液的制备

取 N -乙烯基吡咯烷酮对照品和乙酸乙烯酯适量，用甲醇溶解，并制成每 1 mL 中含 N -乙烯基吡咯烷酮 1 μg 与乙酸乙烯酯 50 μg 的溶液，作为系统适用性溶液。

A.5.4 测定

取系统适用性溶液 20 μL，注入液相色谱仪，记录色谱图，N -乙烯基吡咯烷酮峰与乙酸乙烯酯峰的分离度应大于 6.0。量取试样溶液与对照品溶液各 20 μL,注入液相色谱仪,记录色谱图,按外标法通过峰面积进行计算,计算式(A.1)如下:

$$w_2 = \frac{R_u}{R_s} \times \frac{C_s}{C_u} \times 10^6 \quad \cdots\cdots (A.1)$$

式中:

w_2 ——试样中 N -乙烯基吡咯烷酮含量,ppm;

R_u——试样溶液 N -乙烯基吡咯烷酮色谱图的峰面积;

R_s——对照品溶液 N -乙烯基吡咯烷酮色谱图的峰面积;

C_s——对照品溶液的浓度,单位为毫克每毫升(mg/mL);

C_u——试样溶液的浓度,单位为毫克每毫升(mg/mL)。

附　录　B

（资料性）

乙烯基吡咯烷酮交联聚合物（PVP－P）红外光谱图

乙烯基吡咯烷酮交联聚合物（PVP－P）标准品红外谱图见图 B.1。

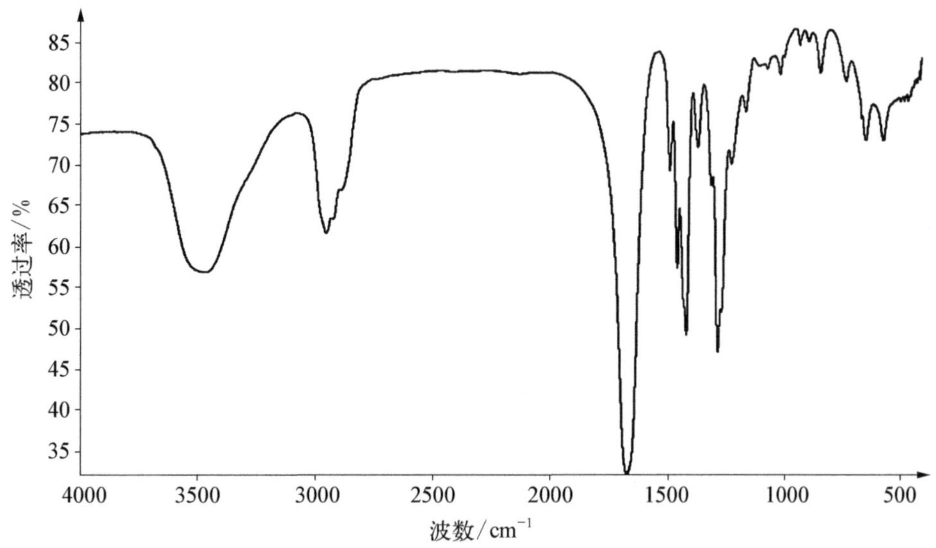

图 B.1　乙烯基吡咯烷酮交联聚合物（PVP－P）标准品红外谱图（KBr 压片）

ICS 11.040.40
C 35

团 体 标 准

T/SHXCL 0017—2022

人工关节用超高分子量聚乙烯(PE-UHMW)树脂

Ultra-high-molecular-weight polyethylene (PE-UHMW) resin for joint replacements

2022-08-30 发布　　　　2022-10-30 实施

上海市新材料协会　发布

前　　言

本文件按照 GB/T 1.1—2020《标准化工作导则　第 1 部分：标准化文件的结构和起草规则》的规定起草。

本文件由上海市新材料协会提出。

本文件由上海市新材料协会标准化技术委员会归口。

本文件起草单位：上海化工研究院有限公司、上海联乐化工科技有限公司、中国科学院长春应用化学研究所、上海威高医疗技术发展有限公司、上海珀利医用材料有限公司、河南沃森超高化工科技有限公司。

本文件起草人：徐迅、张玉梅、王新威、徐绍魁、杨华伟、李春明、沈杰、刘文涛、张恩龙、马静君、赵志成、李翌、文亮、王爱丽。

人工关节用超高分子量聚乙烯(PE-UHMW)树脂

1 范围

本文件规定了人工关节用超高分子量聚乙烯(PE-UHMW)树脂的分类、性能要求、试验方法、检验规则及标志、包装、运输和贮存。

本文件适用于人工关节用超高分子量聚乙烯(PE-UHMW)树脂。

2 规范性引用文件

下列文件中的内容通过文中的规范性引用而构成本文件必不可少的条款。其中,注日期的引用文件,仅该日期对应的版本适用于本文件;不注日期的引用文件,其最新版本(包括所有的修改单)适用于本文件。

GB/T 1632.3—2010 塑料 使用毛细管黏度计测定聚合物稀溶液黏度 第3部分:聚乙烯和聚丙烯

GB/T 1636—2008 塑料 能从规定漏斗流出的材料表观密度的测定

GB/T 2918—2018 塑料 试样状态调节和试验的标准环境

GB/T 4472—2011 化工产品密度、相对密度的测定

GB/T 6679—2003 固体化工产品采样通则

GB/T 8170—2008 数值修约规则与极限数值的表示和判定

GB/T 9345.1—2008 塑料 灰分的测定 第1部分:通用方法

GB/T 9352—2008 塑料 热塑性塑料材料试样的压塑

GB/T 19701.1—2016 外科植入物 超高分子量聚乙烯 第1部分:粉料

ISO 13320:2020 颗粒细度分析 激光衍射法

ISO 21304-2:2021 塑料 超高分子量聚乙烯(PE-UHMW)模塑和挤出材料 第2部分:试样制备和性能测定

ASTM D638—2014 塑料拉伸性能的标准测试方法

ASTM F648—2021 外科植入用超高分子量聚乙烯粉末及成形件的标准规范

EN 14582:2016 废弃物特征 卤素和硫含量 封闭系统氧燃烧和测定方法

EPA 6020B—2014 电感耦合等离子体质谱法

3 分类

按性能的不同,可分为Ⅰ型和Ⅱ型。

4 性能要求

性能应符合表1的要求。

表 1 性能要求

序号	检验项目		单位	要求	
				Ⅰ型	Ⅱ型
1	外观			白色粉状	
2	黏数		mL/g	≥2 000	≥3 200
3	定伸应力		MPa	≥0.2	≥0.42
4	平均粒径 D50		μm	100～125	
5	表观密度		g/cm^3	0.40～0.53	
6	氯元素含量		mg/kg	≤10	
7	微量金属元素含量	铝	mg/kg	≤20	
		钙	mg/kg	≤2	
		钛	mg/kg	≤10	
8	灰分(质量分数)		mg/kg	≤100	
9	微粒物质		个	≤3	
10	挥发物含量(质量分数)		mg/kg	≤300	
11	简支梁双缺口冲击强度		kJ/m^2	≥180	≥90
12	悬臂梁双缺口冲击强度		kJ/m^2	≥126	≥73
13	拉伸断裂应力		MPa	≥36	≥30
14	拉伸断裂应变		%	≥300	≥300
15	拉伸屈服强度		MPa	≥21	≥19
16	密度		kg/m^3	927～944	

5 试验方法

5.1 试样制备

按 GB/T 9352—2008 规定，用模压模具制备定伸应力、简支梁双缺口冲击强度、悬臂梁双缺口冲击强度、拉伸断裂应力、拉伸屈服强度、拉伸断裂应变、密度性能测定用试样。试样的成型条件应符合表 2 的规定。

表 2 试样的成型条件

成型温度 /℃	预热压力 /MPa	预热时间 /min	全压压力 /MPa	全压时间 /min	平均冷却速率 /(℃/min)	脱模温度(*T*) /℃
210	5	5～15	10	30	15	0～40

5.2 试样的状态调节和试验的环境

5.2.1 试样的状态调节应按 GB/T 2918—2018 的规定进行。状态调节的条件为温度 23 ℃±2 ℃，调节时间至少 40 h。

5.2.2 试验应在 GB/T 2918—2018 规定的标准环境下进行，环境温度为 23 ℃±2 ℃。

注：由于 PE-UHMW 树脂及试样吸水性极小，且人工关节用 PE-UHMW 树脂中不含填料或易吸水的助剂，因此试样的状态调节和试验的环境对相对湿度不做要求。

5.3 外观

自然光下目测检查。

5.4 黏数

按 GB/T 1632.3—2010 的规定进行测定，选择浓度为 0.000 2 g/mL，并添加 0.2%（质量分数）的抗氧剂 1010（化学名称为四[β-(3,5-二叔丁基-4-羟基苯基)丙酸]季戊四醇酯）。

注："黏数"为 GB/T 1632.3-2010 中的 8.1"比浓黏度（I）"。

5.5 定伸应力

5.5.1 按照 5.1 的规定，制备尺寸符合 ISO 21304-2：2021 附录 B 规定的试样。制备试样时，在样品粉料中添加 0.5%（质量分数）的四[β-(3,5-二叔丁基-4-羟基苯基)丙酸]季戊四醇酯与三(2,4-二叔丁基苯基)亚磷酸酯的复合抗氧剂，比例为 1∶2；采用小体积高速混合器，使样品粉料与抗氧剂充分混合。

5.5.2 试样的状态调节按 5.2 的规定进行。

5.5.3 按 ISO 21304-2：2021 附录 B 规定测定定伸应力。

5.6 平均粒径 D50

按 ISO 13320：2020 的湿法进样要求进行测定。

5.7 表观密度

按 GB/T1636—2008 的规定进行测定，采用 A 型漏斗。

5.8 氯元素含量

按 EN 14582：2016 的规定进行测定。

5.9 微量金属元素含量

按 EPA 6020B—2014 的规定进行测定。

5.10 灰分

称取 PE-UHMW 树脂 100～200 g，置于石英坩埚、陶瓷坩埚或铂坩埚中，按 GB/T 9345.1—2008 中的 A 法进行测定，采用直接煅烧法，煅烧温度为 600 ℃±25 ℃。

5.11 微粒物质

按 GB/T 19701.1—2016 中 8.5 的规定进行测定。

5.12 挥发物含量

按附录 A 的规定进行测定。

5.13 简支梁双缺口冲击强度

5.13.1 按 5.1 的规定，制备尺寸符合 ISO 21304-2：2021 附录 C 规定的试样，缺口的处理采用刻痕装置加工双缺口。

5.13.2 试样的状态调节按 5.2 的规定进行。

5.13.3 按 ISO 21304-2：2021 附录 C 的规定测定简支梁双缺口冲击强度。

5.14 悬臂梁双缺口冲击强度

5.14.1 按 5.1 的规定，制备尺寸符合 ASTM F648-2021 附录 A1 规定的试样，缺口的处理采用刻痕装置加工双缺口。

5.14.2 试样的状态调节按 5.2 的规定进行。

5.14.3 按 ASTM F648—2021 附录 A1 的规定测定悬臂梁双缺口冲击强度。

5.15 拉伸断裂应力、拉伸断裂应变和拉伸屈服强度

5.15.1 按 5.1 的规定，制备尺寸符合 ASTM D638-2014 规定的Ⅳ型试样。

5.15.2 试样的状态调节按 5.2 的规定进行。

5.15.3 按 ASTM D638—2014 的规定测定拉伸断裂应力、拉伸断裂应变和拉伸屈服强度。

5.16 密度

5.16.1 按 5.1 的规定，制备模塑试样。

5.16.2 试样的状态调节按 5.2 的规定进行。

5.16.3 按 GB/T 4472—2011 中静水力学称量法的规定测定密度。

6 检验规则

6.1 检验分类

检验分为出厂检验和型式检验。

6.2 出厂检验

6.2.1 检验项目

出厂检验每批检验一次，检验项目为外观、黏数、平均粒径 D50、灰分、微粒物质。

6.2.2 组批

检验以批为单位，以同一生产线上、相同原料、相同工艺所生产的同一型号或同一牌号的产品为一批，每批产品不超过 10 吨。

6.2.3 抽样

按 GB/T 6679—2003 中 3.2.3.2 的规定进行采样，按表 3 的规定确定最少采样袋数。

表 3 最少采样袋数的确定

总袋数 N	最少采样袋数 n	总袋数 N	最少采样袋数 n
1～10	全部袋数	182～216	18
11～49	11	217～254	19
50～64	12	255～296	20
65～81	13	297～343	21

续 表

总袋数 N	最少采样袋数 n	总袋数 N	最少采样袋数 n
82～101	14	344～394	22
102～125	15	395～450	23
126～151	16	461～512	24
152～181	17	$N>512$ 时	$n=3\times\sqrt[3]{N}$

6.3 型式检验

型式检验为按表 1 的要求进行全项目检验。正常生产时，每年进行一次型式检验；有下列情况之一时，还应进行型式检验：

a) 新产品或老产品转产生产的试制定型鉴定；

b) 正式生产后，如配方、原料、工艺改变，可能影响产品性能时；

c) 产品停产一年以上，恢复生产；

d) 出厂检验结果与上次型式检验有较大差异。

6.4 判定与复验规则

采用 GB/T 8170—2008 规定的修约值比较法判定检验结果是否符合本文件。检验结果如果有指标不符合本文件要求，应重新在两倍量的包装中采样复验，复验结果有任何一项指标不符合本文件要求时，则整批产品视为不合格。

7 标志、包装、运输、贮存

7.1 标志

7.1.1 包装上应有牢固清晰的标志，内容包括：生产厂名、厂址、产品名称、类别、净含量、批号(或生产日期)和本文件编号。

7.1.2 每批出厂的产品都应附有质量证明书，内容包括：生产企业名称、地址、产品名称、产品牌号、批号或生产日期、主要指标和本标准编号，以及法律法规要求标注的内容，并盖有质检专用章。

7.2 包装

包装袋应采用聚丙烯、聚乙烯塑料编织袋或纸袋，内衬聚乙烯内袋或聚丙烯内膜，每袋产品的净含量可为 25 kg，或按客户需求进行包装。

7.3 运输

袋装产品在运输过程中，应避免锐器挂钩，防止破包，严禁暴晒和雨淋。

7.4 贮存

7.4.1 产品应贮存在通风、干燥、清洁并有良好消防设施的仓库内。贮存时，应远离热源，并防止阳光直接照射，不应在露天堆放。

7.4.2 在符合贮运条件下，自生产之日起，产品保质期三年。

附　录　A

（规范性）
挥发物含量测试方法

A.1　方法提要

被测物料在 105 ℃±2 ℃下达到恒重，失重量即为挥发物含量。

A.2　仪器与器皿

A.2.1　电烘箱：温度可控制在 105 ℃±2 ℃。

A.2.2　干燥器。

A.2.3　称量瓶：容积为 50 mL，扁形，60 mm×30 mm。

A.2.4　分析天平：感量为 0.1 mg。

A.3　试验步骤

A.3.1　称取约 10 g 试样，置于预先恒重的质量为 m_1 的空称量瓶中，称准至 0.1 mg 记为 m_2。同时取 3 组试样进行平行测定。

A.3.2　将装有试样的称量瓶敞开盖放入烘箱，在 105 ℃±2 ℃下干燥 2 h。覆盖后，移置于干燥器内，冷却至室温，进行称量。重复多次并达到恒重后，记为 m_3。

A.4　结果处理

试样中挥发物含量 X 以质量分数（%）计，按式（A.1）计算：

$$X = (m_2 - m_3) \div (m_2 - m_1) \times 100\% \quad \cdots\cdots (A.1)$$

式中：

m_1——称量瓶的质量，单位为克（g）；

m_2——干燥前的样品和称量瓶的质量之和，单位为克（g）；

m_3——干燥后的样品和称量瓶的质量之和，单位为克（g）。

取平行试验的算术平均值为测定结果。平行试验结果的相对偏差不得大于 20%。

ICS 83.140.99
CCS G32

团 体 标 准

T/SHXCL 0018—2023

低碳可循环聚丙烯中空箱

Recyclable polypropylene plate boxes with low carbon footprint

2023-04-24 发布 2023-06-30 实施

上海市新材料协会 发布

前　　言

本文件按照 GB/T 1.1—2020《标准化工作导则　第1部分：标准化文件的结构和起草规则》的规定起草。

本文件由上海市新材料协会提出并组织实施。

本文件由上海市新材料协会标准化技术委员会归口。

本文件起草单位：上海荣腾包装服务有限公司、上海工程技术大学、上海合印科技股份有限公司、上海金发科技发展有限公司、山东玉丰塑业有限公司、上海大觉包装制品有限公司、青岛中新华美塑料有限公司、上海祥豚贸易有限公司。

本文件起草人：李军、任皖挺、江振林、陈晨、殷珉、黄河生、董聪、熊露璐、王东、赵希楠、顾同庆、刘凯、朱敏、弭兰、吴滨海、杨京华、李雪梅、赵成方、张琳、潘宇飞。

低碳可循环聚丙烯中空箱

1 范围

本文件规定了低碳可循环聚丙烯中空箱(以下简称中空箱)的分类、要求、试验方法、检验规则及标志、包装、运输、贮存。

本文件适用于低碳可循环聚丙烯中空箱。

2 规范性引用文件

下列文件中的内容通过文中的规范性引用而构成本文件必不可少的条款。其中,注日期的引用文件,仅该日期对应的版本适用于本文件;不注日期的引用文件,其最新版本(包括所有的修改单)适用于本文件。

GB/T 191—2008 包装储运图示标志

GB/T 2679.7—2005 纸板 戳穿强度的测定

GB/T 2828.1—2012 计数抽样检验程序 第1部分:按接收质量限(AQL)检索的逐批检验抽样计划

GB/T 2829—2002 周期检验计数抽样程序及表(适用于对过程稳定性的检验)

GB/T 2918—2018 塑料 试样状态调节和试验的标准环境

GB/T 4857.4—2008 包装 运输包装件基本试验 第4部分:采用压力试验机进行的抗压和堆码试验方法

GB/T 4857.5—1992 包装 运输包装件 跌落试验方法

GB/T 6545—1998 瓦楞纸板 耐破强度的测定法

GB/T 6546—1998 瓦楞纸板 边压强度的测定法

GB/T 10111—2008 随机数的产生及其在产品质量抽样检验中的应用程序

GB/T 21661—2020 塑料购物袋

GB/T 26125—2011 电子电气产品 六种限用物质(铅、汞、镉、六价铬、多溴联苯和多溴二苯醚)的测定

QB/T 1130—1991 塑料直角撕裂性能试验方法

ISO 14067:2018 温室气体 产品碳足迹 量化的要求和指南

3 术语和定义

ISO 14067:2018界定的以及下列术语和定义适用于本文件。

3.1

可循环聚丙烯中空箱 recycled polypropylene plate boxes

以聚丙烯中空板为主要原料,经印刷、模切、成箱等加工后制成的可多次重复使用的包装箱体。

3.2

聚丙烯中空板　polypropylene plate sheet

以聚丙烯和碳酸钙共混物为主要原材料，通过挤出成型得到的一种中空结构的板材，其中共混物中可掺入不超过20%的回料。

3.3

回料　recycled material

聚丙烯中空板或中空箱生产中的废弃料经过重新加工后形成的材料或中空箱使用后经清洗、干燥、破碎后重新加工形成的材料。

3.4

循环周期　cycle period

中空箱从生产厂家出厂后到最终返回至生产厂为1个循环周期。

3.5

循环使用次数　recycle times

中空箱在1个循环周期内被用户重复使用的次数。

3.6

产品全生命周期　product life cycle

产品从原材料开采、产品生产(或服务提供)、分销、使用到最终处置/再生利用的整个过程。

3.7

产品碳足迹　carbon footprint of products

衡量某个产品在其生命周期各阶段的温室气体排放量总和。

[来源：ISO 14067：2018,3.1.1.1]

4　分类

中空箱按长宽内尺寸不同分为两类，较多采用为600 mm×400 mm，中空板厚度为3.5 mm。中空箱内尺寸系列可见表1。

表1　中空箱尺寸系列推荐

长×宽/mm×mm	高/mm
600×400	100
	120
	140
	160
	180
	200

续　表

长×宽/mm× mm	高/mm
600×400	270
	340
	400
	500
400×300	100
	120

5　要求

5.1　材料

中空箱使用的中空板材料技术性能应符合表 2 的规定。

表 2　中空板材料技术性能

项　　目	要　　求	
	横　向	纵　向
撕裂力/N	≥100	≥50
边压强度/(N/m)	≥6 000	
耐破强度/kPa	≥1 200	
刺破强度/J	≥2	

5.2　外观

中空箱外观应符合表 3 的规定。

表 3　外观

项　　目	要　　求
色　　泽	同一颜色产品色泽均匀一致，无明显色差
板体表面	光滑平整，无裂纹、孔洞、明显杂质及气泡等影响使用的缺陷

5.3　尺寸与偏差

5.3.1　中空箱尺寸(长、宽、高)公差应为±3 mm。

5.3.2　半叠盖式中空箱的摇盖对接间隙应不大于 5 mm。

5.4　空箱抗压强度

中空箱的空箱抗压强度应不小于 1 500 N。

5.5 抗跌落性能

中空箱从 0.8 m 的高度跌落时，箱体不应出现破损。

5.6 印刷性能

5.6.1 印刷表现

有印刷的中空板，其印刷的油墨应均匀，图案和文字清晰、完整。

5.6.2 印刷剥离率

对非水性传统油墨，印刷剥离率应小于 20%；对水性油墨，印刷剥离率应小于 20%，且耐水性擦拭应无明显染色。

5.7 有害物质限量

中空箱铅(Pb)、镉(Cd)、汞(Hg)和铬[Cr(Ⅵ)]的总量不应超过 100 mg/kg，多溴联苯不应超过 1 000 mg/kg，多溴二苯醚不应超过 1 000 mg/kg。

5.8 循环使用性能

中空箱的循环使用性能应符合表 4 的规定。

表 4　循环使用性能

项　　目	要　　求
循环使用次数	不小于 5 次
循环后外观性能	符合 5.2 的要求
循环后空箱抗压强度	符合 5.4 的要求
循环后抗跌落性能	符合 5.5 的要求

5.9 碳排放

中空箱的循环周期碳排放应小于 3.0 kg CO_2/m^2。

6 试验方法

6.1 状态调节

除有特殊规定外，按 GB/T 2918—2018 规定，在 23 ℃±2 ℃条件下进行状态调节 4 h，并在同样条件下进行试验。

6.2 中空板材料性能

6.2.1 撕裂力

按 QB/T 1130—1991 的规定进行试验。

6.2.2 边压强度

按 GB/T 6546—2008 的规定进行试验。

6.2.3 耐破强度

按 GB/T 6545—2008 的规定进行试验。

6.2.4 刺破强度

按 GB/T 2679.7—2005 的规定进行试验。

6.3 外观

自然光线下目测。

6.4 尺寸与偏差

测定内尺寸时，应将聚丙烯中空箱支撑成型，使相邻面夹角成 90°，在搭舌上距摇盖压痕线 50 mm 处分别量取长度和宽度，以箱底与箱顶两内摇盖间的距离量取箱高；也可将聚丙烯中空箱展开，使弯折部分充分展平，用直尺量展开尺寸。摇盖对接间隙用直尺测量。

6.5 空箱抗压强度

按 GB/T 4857.4—2008 的规定进行试验。

6.6 抗跌落性能

按 GB/T 4857.5—1992 的规定进行试验。

6.7 印刷质量

6.7.1 印刷表现

自然光线下目测。

6.7.2 印刷剥离力

按 GB/T 21661—2020 的规定进行试验。

6.8 有害物质限量

按 GB/T 26125—2011 的规定进行试验。

6.9 循环性能

中空箱循环使用后，按 6.3 的规定进行外观检验，按 6.5 的规定进行空箱抗压试验，按 6.6 的规定进行跌落试验。

6.10 碳排放

按 ISO 14067：2018 的规定进行碳排放计算，典型产品碳足迹计算应符合附录 A 的规定。

7 检验规则

7.1 检验分类

检验分为出厂检验和型式检验。

7.2 出厂检验

7.2.1 抽样

以一次交货数量为一批。中空箱出厂检验抽样按表 5 的规定进行，根据 GB/T 10111—2008 的规定随机抽取检验样本。根据 GB/T 2828.1—2012 不固定抽样方案中 S-1 特殊检验水平进行规定样本数，样本量单位为个，样木量、检验项目及接收质量限(AQL)见表 5。

表 5　中空箱出厂检验样本量、检验项目及抽样方案

<table>
<tr><td rowspan="3">批　量</td><td colspan="5">正常检验一次抽样方案　检验水平 S-1</td></tr>
<tr><td rowspan="2">样本量/个</td><td colspan="2">AQL=4.0</td><td colspan="2">AQL=6.5</td></tr>
<tr><td>A_c　R_e</td><td>检验项目</td><td>A_c　R_e</td><td>检验项目</td></tr>
<tr><td>2～50</td><td>2</td><td>0　1</td><td rowspan="3">5.4　空箱抗压强度
5.5　抗跌落性能
5.6　印刷性能</td><td>0　1</td><td rowspan="3">5.2　外观
5.3　尺寸与偏差</td></tr>
<tr><td>51～500</td><td>3</td><td>0　1</td><td>0　1</td></tr>
<tr><td>501～10 000</td><td>5</td><td>0　1</td><td>0　1</td></tr>
</table>

注：AQL——接收质量限；A_c——接收数；R_e——拒收数。

7.2.2　**判定规则**

7.2.2.1　**不合格品**

每个样品按 6 试验方法检验表 5 规定的各项检验项目，如有一项或一项以上技术指标达不到要求，则该产品为不合格品。

7.2.2.2　**不合格批**

样本中不合格品数等于或大于不合格判定数（R_e），则样本所代表的该批产品为不合格批。将剔除不合格品的样本再放入该批样品中，重新取样进行复检。复检时，应按 GB/T 2828.1—2012 中 2-B严加检查一次抽样方案的规定进行，若复检仍不合格，则整批产品不应出厂，且不允许再次提交检验。

7.3　型式检验

7.3.1　**检验周期**

型式检验的周期为半年，检验项目为除碳排放外的所有项目，有下列情况之时应进行型式检验：

a）正常生产时，每 100 万个应进行一次型式检验：

b）停产半年以上又恢复生产时；

c）出厂检验结果与上次型式检验有较大差异时。

碳排放可在试制定型鉴定和材料、工艺有较大改变时进行检验。

7.3.2　**抽样**

7.3.2.1　**有害物质限量和循环性能**

按 GB/T 2829—2002 中规定的判别水平 Ⅰ 的一次抽样方案，样本量单位为个，样本量、检验项目及不合格质量水平（RQL）见表 6。

表 6　有害物质限量、循环性能型式检验样本量、检验项目及抽样方案

<table>
<tr><td rowspan="2">样本量/个</td><td colspan="2">RQL=20</td></tr>
<tr><td>检验项目</td><td>判定数</td></tr>
<tr><td>5</td><td>5.7　有害物质限量
5.8　循环性能</td><td>A_1　R_1
0　1</td></tr>
</table>

注：RQL——不合格质量水平；A_1——合格判定数；R_1——不合格判定数。

7.3.2.2　**一般项目**

型式检验抽样应从当前生产的并经出厂检验合格的产品中按 GB/T 2829—2002 规定的判别水平

Ⅰ的二次抽样方案，随机抽取检验样本进行检验。样本量单位为个，样本量、检验项目及不合格质量水平(RQL)见表7。

表7 包装箱型式检验样本量、检验项目及抽样方案

样本量/个	RQL=25		RQL=40	
	检验项目	判定数	检验项目	判定数
第一样本量5	5.1 材料 5.4 空箱抗压强度 5.5 跌落性能 5.6 印刷性能	A_1 R_1 0 2	5.2 外观 5.3 尺寸与偏差	A_1 R_1 0 3
第二样本量5		A_2 R_2 1 2		A_2 R_2 4 5

注：RQL——不合格质量水平；A_1、A_2——合格判定数；R_1、R_2——不合格判定数。

7.3.3 判定规则

7.3.3.1 有害物质限量和循环性能型式检验判定

在样本中，若不合格品数小于或等于合格判定数(A_1)，则型式检验合格。若不合格品数大于或等于不合格判定数(R_1)，则型式检验不合格。若检验不合格，则不再进行一般项目的检验。

7.3.3.2 一般项目型式检验判定

在第一样本中，若不合格品数小于或等于合格判定数(A_1)，则型式检验合格。若不合格品数大于或等于不合格判定数(R_1)，则型式检验不合格。当不合格品数大于合格判定数(A_1)、小于不合格判定数(R_1)时，则需要抽第二样本。若第一样本和第二样本累计的不合格品数小于或等于合格判定数(A_2)，则型式检验合格。若第一样本和第二样本累计的不合格品数大于或等于不合格判定数(R_2)，则型式检验不合格。

8 标志、包装、运输、贮存

8.1 中空箱的包装标志应符合 GB/T 191—2008 的规定。

8.2 中空箱在运输过程中应避免雨雪、暴晒、受潮和污染，运输、装卸过程中应确保中空箱完好无损。

8.3 中空箱应贮存在通风干燥的库房内，底层距离地面高度宜不小于 100 mm。短期露天存放时，应有必要的防雨防晒等措施。

8.4 中空箱的贮存时间从入库之日算起，不超过 24 个月。

附　录　A

（规范性）

典型产品碳足迹计算

A.1　目标定义

目标定义按表 A.1 规定。

表 A.1　目标定义

项　　目		要　　求
功能单位		单件为 1 m^2，厚度为 2.4 mm、2.0 mm 的中空板包装箱
时间代表性		6 个月
地理代表性		中国地区
技术代表性	工　　艺	挤出、模压、中空板印刷、模切、成箱
	主要原料	PP、碳酸钙
	主要能耗	电力、柴油

A.2　范围定义

A.2.1　系统边界

系统边界为中空箱全生命周期，主要包括：原材料、生产、使用和循环利用几个阶段，见图 A.1。

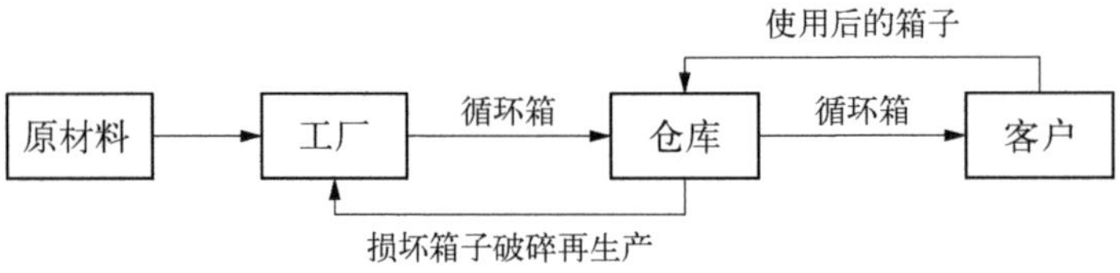

图 A.1

A.2.2　取舍原则

本研究采用的取舍原则以各项原材料投入占产品重量或过程总投入的重量比为依据。具体规则如下：

a) 普通物料重量小于 1％的产品重量时，以及含稀贵或高纯成分的物料重量小于 0.1％的产品重量时，可忽略该物料的上游生产数据；总共忽略的物料重量不超过 5％；

b) 低价值废物作为原料，如粉煤灰、矿渣、秸秆、生活垃圾等，可忽略其上游生产数据；

c) 大多数情况下，生产设备、厂房、生活设施排放等可以忽略；

d) 在选定环境影响类型范围内，已知的排放数据不应忽略。

根据以上取舍原则，中空箱生产过程消耗的物质，如钛白粉、硬脂酸锌、硬脂酸钡、油墨、胶水等物料，因消耗量极少，予以忽略不计。

A.2.3　多产品分配

中空箱的生产采用单一生产线，生产过程不涉及多产品分配。

A.2.4　数据质量要求

数据质量评估方法采用中国生命周期基础数据库（CLCD）方法。该方法从清单数据来源与算法、时间代表性、地理代表性、技术代表性四个方面，对模型中的消耗与排放清单数据进行评估，并关联背景数据库的消耗，评估其与上游背景过程匹配的不确定度。完成清单不确定度评估后，采用解析公式法计算不确定度的传递与累积，得到生命周期评估（LCA）结果的不确定度。

A.3 数据收集

A.3.1 数据收集对象

数据收集主要包括从企业的生产报表记录、能耗记录、数据库、文献报告以及成熟可用的 LCA 软件中获取排放因子。

A.3.2 各阶段主要排放源和排放方式

中空箱各阶段的碳排放源和排放方式见表 A.2。

表 A.2 中空箱各阶段的碳排放源和排放方式

阶　段	排　放　源	排放方式
原材料	PP 生产	电力
	碳酸钙生产	电力
	原材料运输	柴油
生　产	机器运行	电力
使　用	产品运输	柴油
	仓　储	电力
循环利用	收集、运输和再生产	电力、柴油

A.4 各阶段排放量

各阶段排放量清单见表 A.3 至表 A.7。

表 A.3 原材料生产阶段排放量

物料名称	每功能单位消耗量	单位	上游活动数据来源	估算量	排放因子	排放量/kg CO_2 e
碳酸钙		kg				
PP		kg				
合　计						
排放因子来源：						

表 A.4 原材料运输阶段排放量

物料名称	运输方式	起　点	终　点	单次平均运输距离/km	装货率	排放因子	排放量/kg CO_2 e
碳酸钙							
PP							
合　计							
排放因子来源：							

表 A.5　产品配送阶段排放量

物料名称	运输方式	起　点	终　点	单次平均运输距离/km	装货率	排放因子	排放量/kg CO_2 e
中空箱							
排放因子来源：							

表 A.6　仓储过程排放量

排放源名称	每功能单位消耗量	单　位	排放因子	排放量/kg CO_2 e
电		kW·h		
合　计				
排放因子来源：				

表 A.7　产品循环利用阶段能源消耗

废弃方式	处理量/t	排放因子	排放量/kg CO_2 e
闭环利用			
破碎再造			
合　计			
排放因子来源：			

A.5　碳足迹计算

产品碳足迹按式(A.1)进行计算：

$$CF = \sum_{i=1,\ j=1}^{n} P_i \times Q_{ij} \times GWP_j \qquad \text{(A.1)}$$

式中：

CF——碳足迹，是整个产品生命周期中所有活动的所有材料和能源乘以其排放因子后再加和得到的，单位为千克二氧化碳当量(kg CO_2 e)；

P_i——活动水平数据；

Q_{ij}——排放因子，排放因子源于 CLCD 数据库和相关参考文献；

GWP_j——全球变暖潜势值。

ICS 83.120
G 32

团 体 标 准

T/SHXCL 0022—2024

汽车仪表板横梁用复合材料

Composite material for car cross beam

2024-12-12 发布 2024-12-30 实施

上海市新材料协会 发布

前　言

本文件按照 GB/T 1.1—2020《标准化工作导则　第 1 部分：标准化文件的结构和起草规则》的规定起草。

请注意本文件的某些内容可能涉及专利。本文件的发布机构不承担识别专利的责任。

本文件由上海市新材料协会提出并组织实施。

本文件由上海市新材料协会标准化技术委员会归口。

本文件起草单位：上海和达汽车配件有限公司、海联金汇科技股份有限公司、青岛海联金汇汽车零部件有限公司、苏州优利金新材料有限公司、上海工程技术大学、恩骅力工程材料（无锡）有限公司、上汽集团创新研究开发总院、东莞市海扬模具有限公司、上海乐来汽车分析测试有限公司、浙江省轻工业品质量检验研究院。

本文件首批承诺执行单位：上海和达汽车配件有限公司、海联金汇科技股份有限公司、青岛海联金汇汽车零部件有限公司、苏州优利金新材料有限公司、上海工程技术大学、东莞市海扬模具有限公司、上海乐来汽车分析测试有限公司、浙江省轻工业品质量检验研究院。

本文件起草人：刘国平、林聪、张正坤、郑志强、李小俊、朱新禧、丁程、吴崖迪、叶靖、黄海荣、姬秋云、陈晨、张磊、李军、潘宇飞、何晖晖。

汽车仪表板横梁用复合材料

1 范围

本文件规定了汽车仪表板横梁用玻璃纤维增强尼龙复合材料的技术要求、试验方法、检验规则及标志、包装、运输、贮存。

本文件适用于尼龙 6 中掺入 60%玻璃纤维制备而成的汽车仪表板横梁用复合材料。

2 规范性引用文件

下列文件中的内容通过文中的规范性引用而构成本文件必不可少的条款。其中，注日期的引用文件，仅该日期对应的版本适用于本文件；不注日期的引用文件，其最新版本（包括所有的修改单）适用于本文件。

GB/T 1033.1—2008 塑料 非泡沫塑料密度的测定 第 1 部分：浸渍法、液体比重瓶法和滴定法

GB/T 1040.1—2018 塑料 拉伸性能的测定 第 1 部分：总则

GB/T 1040.2—2022 塑料 拉伸性能的测定 第 2 部分：模塑和挤出塑料的试验条件

GB/T 1043.1—2008 塑料 简支梁冲击性能的测定 第 1 部分：非仪器化冲击试验

GB/T 2547—2008 塑料 取样方法

GB/T 2918—2018 塑料 试样状态调节和试验的标准环境

GB/T 9341—2008 塑料 弯曲性能的测定

GB/T 17037.1—2019 塑料 热塑性塑料材料注塑试样的制备 第 1 部分：一般原理及多用途试样和长条形试样的制备

GB/T 19466.3—2004 塑料 差示扫描量热法（DSC） 第 3 部分：熔融和结晶温度及热焓的测定

GB/T 9345.1—2008 塑料 灰分的测定 第 1 部分：通用方法

ISO 16396-2 塑料 聚酰胺（PA）模塑和挤压材料 第 2 部分：试样制备和性能测定

3 技术要求

3.1 外观

黑色颗粒。

3.2 性能指标

产品的性能指标应符合表 1 的规定。

表 1 产品的性能指标（干态）

序号	项目	单位	指标
1	密度（23 ℃±2 ℃）	g/cm^3	1.7±0.03
2	拉伸强度	MPa	≥225

续　表

序　号	项　　目	单　位	指　　标
3	断裂伸长率	%	≥2.4
4	弯曲强度	MPa	≥365
5	弯曲模量	MPa	≥19 300
6	简支梁缺口冲击强度	kJ/m^2	≥16
7	熔融温度	℃	215～225
8	玻纤含量	%	60±3

4　试验方法

4.1　试样制备

4.1.1　样条制备前，材料需在 100 ℃温度下鼓风烘烤 4 h～6 h，或在真空温度 100 ℃干燥 2 h～4 h。
4.1.2　试验样条采用注塑方式制备，试样制备应满足 ISO 16396－2 标准。

4.2　试样的状态调节和试验的标准环境

4.2.1　试样的状态调节按 GB/T 2918—2018 的规定进行，状态调节的条件为温度 23 ℃±2 ℃，湿度 50%±10%，调节时间至少为 40 h，但不超过 96 h。
4.2.2　试验应在 GB/T 2918—2018 规定的标准环境下进行，环境的温度为 23 ℃±2 ℃，相对湿度为 50%±10%。

4.3　外观

目视观察。

4.4　密度

按 GB/T 1033.1—2008 的液体比重瓶法规定进行测试。试样为接收状态样块，尺寸为 10 mm×10 mm×4 mm，样块数量至少为 3 个，试验结果取所有试样的算术平均值。

4.5　拉伸强度和断裂伸长率

4.5.1　按照 GB/T 1040.2—2022 中 6.1 的规定制备式 1A 试样；
4.5.2　试样状态调节按照 GB/T 1040.1—2018 中 8 的规定进行；
4.5.3　按照 GB/T 1040.2—2022 的规定进行，试验速度为 5 mm/min。

4.6　弯曲强度和弯曲模量

4.6.1　按照 GB/T 9341—2008 中 6.1 的规定制备(80±2) mm×(10±0.2) mm×(4±0.2) mm 的试样；
4.6.2　试样状态调节按照 GB/T 9341—2008 中 7 的规定进行；
4.6.3　按照 GB/T 9341—2008 的规定进行，试验速度为 2 mm/min，跨距为 64 mm。

4.7　简支梁缺口冲击强度

4.7.1　按照 GB/T 1043.1—2008 中 6.1 的规定制备式 1eA 型试样；

4.7.2 试样状态调节按照 GB/T 1043.1—2008 中 6.5 的规定进行；

4.7.3 试验按照 GB/T 1043.1—2008 中第 7 章的规定进行。试验条件：4J 摆锤，跨距为 62 mm，缺口类型：A 型，缺口需机械加工。

4.8 熔融温度

按 GB/T 19466.3—2004 的规定进行测试。试验条件：升温速率为 10 ℃/min。

4.9 玻纤含量

按 GB/T 9345.1—2008 规定的 A 法进行测试。试验条件：灼烧温度为 600 ℃±25 ℃，燃烧至恒重。

5 检验规则

5.1 检验分类

检验分为出厂检验和型式检验。

5.2 出厂检验

5.2.1 检验项目

出厂检验每批检验一次，检验项目为外观、密度、拉伸强度、断裂伸长率、弯曲强度、弯曲模量、简支梁缺口冲击强度和玻纤含量。

5.2.2 组批

检验以批为单位，以 12 h 内同一生产线上、相同原料、相同工艺所生产的同一型号或同一牌号的产品量为一批。

5.2.3 抽样

每批抽样 5 kg，可从包装后的产品或在料仓的取样口取样。

5.3 型式检验

型式检验为全项目检验。有下列情况之一时，应进行型式检验：

a) 新产品投产或老产品转产生产的试制定型鉴定；

b) 正式生产后，如原料、工艺发生较大改变时；

c) 正常生产时，每半年进行一次；

d) 产品停产一年以上，恢复生产时；

e) 其他有要求时。

5.4 判定规则

当检验过程中，有一项检验项目不合格时，则从同批次产品中抽取双倍试样复检。若复检仍有不合格时，则判定该批产品不合格。

6 标志、包装、运输、贮存

6.1 标志

产品的外包装上应有明显的标志，内容包括：商标、生产厂名、厂址、产品名称、牌号、净含量、批号（或生产日期）、本文件编号等。

6.2 包装

采用铝塑包装，每袋包装重量 25 kg，每托盘包装重量 1 000 kg。

6.3 运输

在运输和装卸过程中不应使用铁钩等锐利工具，不应抛掷。运输工具应保持清洁、干燥并备有厢棚或苫布。运输时应避免与沙土、碎金属、煤炭及玻璃等混合装运，避免与有毒及腐蚀性或易燃物混装，避免在阳光下暴晒或雨淋。

6.4 贮存

6.4.1 产品应贮存在阴凉、通风、干燥、清洁并保持有良好消防设施的仓库内，贮存时，应远离热源，并防止阳光直射，不应在露天堆放。

6.4.2 产品的贮存期，从生产之日起不宜超过 18 个月。

ICS 71.080.20
G 17

团 体 标 准

T/SHXCL 0008—2021

乙烯法聚氯乙烯副产氯代烃

By-product chlorohydrocarbons from polyvinyl chloride by the ethylene method

2021 - 03 - 05 发布 2021 - 04 - 10 实施

上海市新材料协会 发布

前　　言

本文件按照 GB/T 1.1—2020《标准化工作导则　第 1 部分：标准化文件的结构和起草规则》的规定起草。

本文件由上海市新材料协会提出并归口。

本文件起草单位：上海氯碱化工股份有限公司、广西华谊氯碱化工有限公司、上海市化工科学技术情报研究所、上海华逊新材料科技有限公司、上海市涂料研究所有限公司、新浦化学（泰兴）有限公司、上海市化工环境保护监测站。

本文件主要起草人：倪留生、唐亮、刘满华、蒋美芬、孙国安、程瑜、丁光荣、潘妙婷。

本文件于 2021 年 3 月 5 日首次发布。

乙烯法聚氯乙烯副产氯代烃

安全提示：乙烯法聚氯乙烯副产氯代烃具有毒性，操作人员须佩戴防护眼镜和橡胶手套，必要时佩戴防毒面具。现场严禁烟火。

1 范围

本文件规定了乙烯法聚氯乙烯副产氯代烃（以下简称氯代烃）的要求、试验方法、检验规则和标志、包装、运输、贮存、安全等。

本文件适用于乙烯法聚氯乙烯副产氯代烃。该产品主要作为下游企业的原料和特殊行业涂装材料的溶剂。

2 规范性引用文件

下列文件中的内容通过文中的规范性引用而构成本文件必不可少的条款。其中，注日期的引用文件，仅该日期对应的版本适用于本文件；不注日期的引用文件，其最新版本（包括所有的修改单）适用于本文件。

GB/T 6680 液体化工产品采样通则

GB/T 8170 数值修约规则与极限数值的表示和判定

GB 15258 化学品安全标签编写规定

GB/T 16483 化学品安全技术说明书 内容和项目顺序

道路危险货物运输管理规定（交通运输部令 2019 年第 42 号）

3 术语和定义

下列术语和定义适用于本文件

3.1 氯代烃 chlorohydrocarbon

烃分子中的氢原子被氯原子取代后的化合物称为氯代烃。

3.2 总氯代烃 total chlorohydrocarbon

含一个或两个碳原子的氯代烃。

注：总氯代烃主要包括三氯甲烷、1,2-二氯乙烷、1,1,1-三氯乙烷、四氯化碳、1,1,2-三氯乙烷和1,1,2,2-四氯乙烷等。

4 要求

氯代烃的性能应符合表1的规定。

表1 氯代烃的性能

项目	指标
总氯代烃质量分数/%	≥99

5 试验方法

5.1 总氯代烃质量分数的测定

5.1.1 原理

样品被送入带氢火焰离子化检测器的气相色谱仪进行定量分析，样品中各组分的含量通过色谱峰面积，并应用相对质量校正因子，采用归一化法计算得出。

5.1.2 仪器和试剂

5.1.2.1 气相色谱仪，带氢火焰离子化检测器(FID)。

5.1.2.2 微量注射器：0.5 μL 或 1 μL。

5.1.2.3 带螺纹口盖的样品瓶(40 mL)或带磨口盖的锥形瓶(60 mL)。

5.1.2.4 干燥用的氯化钙($CaCl_2$)：分析纯。

5.1.2.5 标准化合物，参见附录 A 中表 A.1 所列组分，纯度至少为 99%(质量分数)或其他已知纯度。

5.1.3 气相色谱测试条件

气相色谱测试条件取决于将进行测试的样品和所采用的测试仪器。气相色谱测试条件示例参见附录 B。

5.1.4 相对质量校正因子的测定

5.1.4.1 定性分析

用附件表 A.1 中的标样分别进样分析，测定其保留时间 R_T。样品组分典型色谱图见图 A.1。

5.1.4.2 相对质量校正因子测定

用已知标准化合物配成与样品组分组成相近的混合标样(最终混合标样质量为 2 g～5 g)，进样分析，根据混合标样中各组分的质量或质量分数及其所对应的峰面积，按照公式(1)计算规定条件下的相对质量校正因子 f 值。计算时，1,2-二氯乙烷的 f_{EDC} 值为 1.000。

$$f_i=\frac{m_i\times A_{EDC}}{m_{EDC}\times A_i}=\frac{A_{EDC}}{A_i}/\left(\frac{M\times X_{EDC}}{M\times X_i}\right)=\frac{A_{EDC}}{A_i}/\left(\frac{X_{EDC}}{X_i}\right)=\frac{A_{EDC}\times X_i}{A_i\times X_{EDC}} \quad\cdots\cdots(1)$$

式中：

f_i——某组分的相对质量校正因子，无量纲单位；

m_i——混合标样中某组分的质量，单位为克(g)；

m_{EDC}——混合标样中 1,2-二氯乙烷组分的质量，单位为克(g)；

A_i——某组分的峰面积，无量纲单位；

A_{EDC}——1,2-二氯乙烷组分的峰面积，无量纲单位；

M——混合标样的样品质量，单位为克(g)；

X_i——混合标样某组分的质量分数，%；

X_{EDC}——混合标样中 1,2-二氯乙烷组分的质量分数，%。

5.1.5 试样测定

5.1.5.1 将样品(约 20 g)放到样品瓶中，加入约 2 g 无水 $CaCl_2$ 干燥。

5.1.5.2 取干燥后样品 0.4 μL，在指定条件的气相色谱仪中进样分析，记录色谱图，用色谱处理软件处理测定结果。

5.1.6 结果计算

5.1.6.1 以归一化法求各组分的含量。

5.1.6.2 总氯代烃含量($C_{总氯代烃}$)，按式(2)计算：

$$C_{总氯代烃}=\sum_{i=1}^{n}C_i \quad\cdots\cdots(2)$$

$$C_i=\frac{A_i\times f_i}{\sum_{i=1}^{n}A_i f_i}\times 100 \quad\cdots\cdots(3)$$

式中：

$C_{总氯代烃}$——所有氯代烃的质量分数的总和，%；

C_i——某氯代烃的质量分数，%；

A_i——某氯代烃的峰面积，无量纲单位；

f_i——某氯代烃的质量相对校正因子，无量纲单位。

6 检验规则

6.1 检验项目

本文件规定的检验项目全部为出厂检验。

6.2 组批

以每一成品槽的氯代烃产品为一批，产品按批检验。

6.3 采样

6.3.1 从贮槽采样时，采用 GB/T 6680 中规定的取样器自上、中、下三处采取等量的有代表性的样品，也可将贮槽内的氯代烃产品混匀后于采样口采取有代表性样品。

6.3.2 将采取的样品混匀，分装于两个清洁、干燥、具磨口塞的玻璃瓶或塑料瓶中，密封。每瓶样品量不少于 200 mL。一瓶用于检验，一瓶用于备检。样品瓶上应贴上标签，并注明：生产企业名称、产品名称、批号或生产日期、采样日期及采样人姓名等。

6.4 判定规则

6.4.1 如果检验结果不符合本文件要求，应重新加倍在贮罐(槽)采取样品进行复检。复检结果仍不符合本文件要求，则该批产品为不合格品。

6.4.2 产品质量指标按 GB/T 8170 中的“修约值比较法”判定。

7 标志、包装、运输、贮存

7.1 标志

氯代烃是易燃液体，在槽罐车上应有“易燃液体”和“有毒”标志。化学品安全标签按 GB 15258 的规定编写，化学品 SDS 按 GB/T 16483 的规定编写。

每批出厂的氯代烃产品都应附有质量证明。质量证明内容包括：生产企业名称、厂址、产品名称、批号或生产日期、执行标准号。

7.2 包装

氯代烃产品包装于槽罐内。罐装时应控制流速，且有接地装置，防止静电集聚。

7.3 运输

在运输过程中应确保容器无泄漏，应按照《道路危险货物运输管理规定》进行配装。运输时所用的槽(罐)车应有接地链，不应与氧化剂、酸类、碱类、食用化学品混装混运。运输途中应防暴晒、雨淋、防高温，运输过程应避免撞击。

7.4 贮存

贮存于通风的地点，远离火种、热源。

附 录 A

(资料性)

典型色谱图和各组分保留时间、相对质量校正因子

A.1 典型色谱图

图 A.1 给出了给定条件下氯代烃典型色谱图。

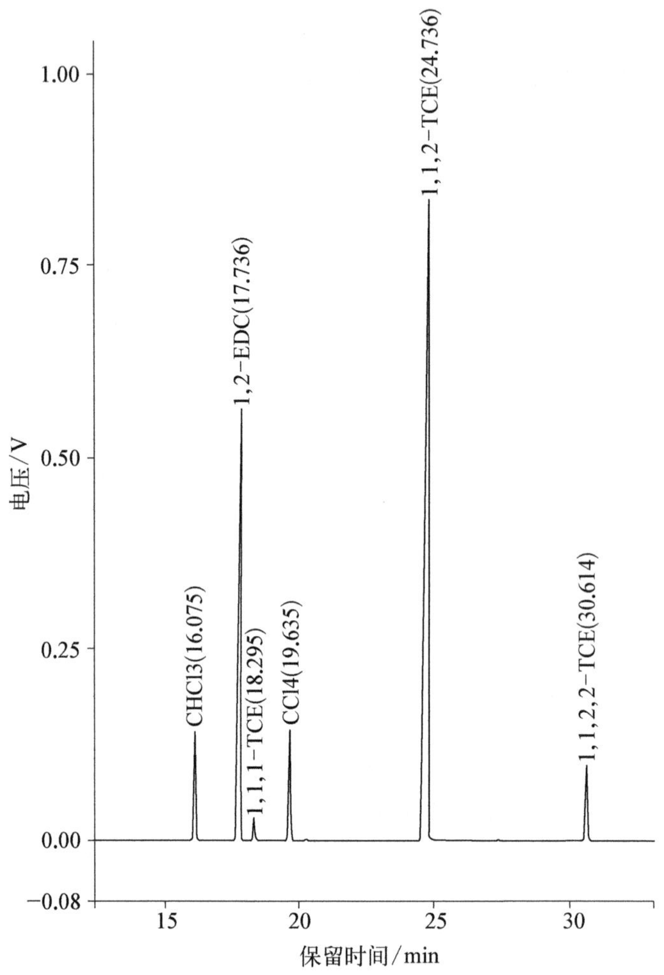

图 A.1 典型色谱图

A.2 各组分保留时间、相对质量校正因子

表 A.1 给出了给定条件下氯代烃中各组分保留时间、相对质量校正因子。

表 A.1 氯代烃中各组分保留时间、相对质量校正因子一览表

组　　分	英文名称	简　　称	保留时间 R_T/min	相对质量校正因子 f
三氯甲烷	Chloroform	$CHCl_3$	16.26	3.413
1,2 -二氯乙烷	1,2 - Dichloroethane	1,2 - EDC	17.94	1.000
1,1,1 -三氯乙烷	1,1,1 - Trichloroethane	1,1,1 - TCE	18.64	1.437
四氯化碳	Carbon tetrachloride	CCl_4	19.82	8.850
1,1,2 -三氯乙烷	1,1,2 - Trichloroethane	1,1,2 - TCE	24.91	1.302
1,1,2,2 -四氯乙烷	1,1,2,2 - Tetrachloroethane	1,1,2,2 - TCE	30.80	1.698

附 录 B

(资料性)

典型色谱条件示例

表 B.1 给出了测定氯代烃含量的典型气相色谱条件的示例。

表 B.1 气相色谱仪典型色谱条件示例

仪器	如：天美 456GC
色谱柱	柱长：60 m； 柱内径：0.32 mm； 100%二甲基聚硅氧烷毛细管柱； 膜厚：1.0 μm； 如：HP-1、DB-1、SPB-1、CP-Sil 5 CB 等型号毛细管柱。
柱箱升温程序	起始温度：45 ℃，恒温：13 min，升温速率：10 ℃/min； 中间停留温度：80 ℃，恒温：2 min； 最终温度：220 ℃，升温速率：10 ℃/min，恒温：13 min。 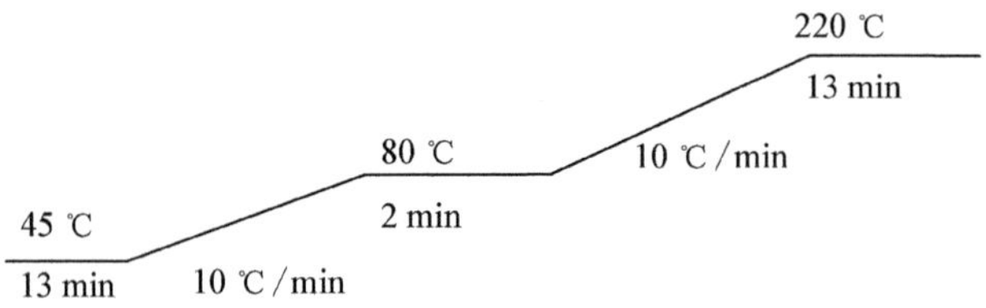
检测器温度	250 ℃
进样口温度	200 ℃
载气	氦气(He)； 柱前压：10 Psi； 柱流速：2 mL/min。
分流比	1∶40
氢气	流量：30 mL/min
空气	流量：300 mL/min
进样量	0.4 μL

2024

上海市新材料协会团体标准合订本

（第二分册　先进无机和非金属材料）

上海市新材料协会　汇编

華東理工大學出版社
EAST CHINA UNIVERSITY OF SCIENCE AND TECHNOLOGY PRESS
·上海·

图书在版编目(CIP)数据

上海市新材料协会团体标准合订本 / 上海市新材料协会汇编. -- 上海 : 华东理工大学出版社，2025. 6.

ISBN 978-7-5628-7857-5

Ⅰ. TB3-65

中国国家版本馆 CIP 数据核字第 2025SS7633 号

项目统筹 / 马夫娇　韩　婷
责任编辑 / 韩　婷
责任校对 / 陈婉毓
装帧设计 / 徐　蓉
出版发行 / 华东理工大学出版社有限公司
　　　　　地址：上海市梅陇路 130 号，200237
　　　　　电话：021－64250306
　　　　　网址：www.ecustpress.cn
　　　　　邮箱：zongbianban@ecustpress.cn
印　　刷 / 上海邦达彩色包装印务有限公司
开　　本 / 890 mm×1240 mm　1/16
印　　张 / 18.25
字　　数 / 539 千字
版　　次 / 2025 年 6 月第 1 版
印　　次 / 2025 年 6 月第 1 次
定　　价 / 298.00 元(全 4 册)

前　言

上海市新材料协会是经上海市民政局批准，于2000年成立的中国首家以新材料命名的行业协会。会员包括央企、国企、民企、跨国公司、大学、研究院所及第三方机构，专业涵盖金属材料、高分子材料、无机材料、复合材料、材料加工及前沿新材料等领域，是一家跨行业、跨专业和跨地域的上海市级社会组织。

上海市新材料协会以"服务企业、规范行业、发展产业"为宗旨，设有上海市新材料战略咨询专家委员会、上海市新材料知识产权维权援助工作站、上海市新材料产业高技能人才培养基地、上海新材料产业基金联盟、上海膜材料产业发展联盟、上海新材料产业数字引擎联盟等机构，并建有抗菌防疫新材料、可降解材料及循环利用技术、新材料检测和标准化等全国性的专业委员会，是上海市新材料领域团体标准化试点单位。

上海市新材料协会严格执行国家标准化管理委员会、民政部共同发布的《团体标准管理规定》以及上海市市场监督管理局、上海市民政局发布的《上海市实施〈团体标准管理规定〉办法》，按照开放、公平、透明的原则组织开展团体标准的编制、评审、发布、复审等工作，始终把制定团体标准作为服务新材料产业高质量发展的一项重要工作。通过组织制定新材料各专业细分领域的团体标准，树立新材料行业产品质量标杆，推动企业技术创新和科研成果及时向技术标准转化，推进新材料产业的标准化建设工作。

标准决定质量，标准划分市场，谁制定标准谁就有话语权。团体标准是标准体系的重要组成部分，与国家标准相比，具有制定快、发布快、实施快的特点。团体标准在保障产品质量安全、促进产业转型升级、推动经济提质增效和服务对外贸易等方面发挥着越来越重要的作用。

2018年以来，上海市新材料协会在上海市市场监督管理局和徐汇区市场监督管理局的指导下，在协会理事会的领导下，逐步完善了标准化管理组织机构和管理制度，整合了新材料产业标准化资源，围绕市场需求和新材料产业高质量发展的要求，先后组织编制、审查、发布和实施了26项团体标准。为满足上海市新材料产业企事业单位及上下游产业链相关单位对材料标准的需求，现决定按专业分为四个分册出版发行合订本。

第一分册为先进高分子材料分册，汇集了13项团体标准。

第二分册为先进无机和非金属材料分册，包含5项团体标准。

第三分册为新能源电池材料分册，包含4项团体标准。

第四分册为新材料中试基地管理分册，包含4项团体标准。

上海市新材料协会

2025年1月9日

目　　录

1. T/SHXCL 0006—2021《特种光学材料用氟化物》 …… 1
2. T/SHXCL 0007—2021《特种光学材料用偏磷酸盐》…… 11
3. T/SHXCL 0003—2021《无机金属离子抗菌抗病毒添加剂》…… 23
4. T/SHXCL 0019—2022《印染行业水处理剂用碱液》…… 37
5. T/SHXCL 0021—2024《温差电致冷组件用晶棒》…… 43

ICS 71.060.99
G 14

团 体 标 准

T/SHXCL 0006—2021

特种光学材料用氟化物

The fluoride for special optical material

2021-04-22 发布 2021-06-15 实施

上海市新材料协会 发布

前　言

本文件按 GB/T 1.1—2020《标准化工作导则　第 1 部分：标准化文件的结构和起草规则》的规定起草。

本文件由上海市新材料协会提出并组织实施。

本文件由上海市新材料协会标准化技术委员会归口。

本文件起草单位：上海太洋科技有限公司、湖北新华光信息材料有限公司、中国科学院强激光材料重点实验室、上海硅酸盐研究所中试基地、中国科学院上海硅酸盐研究所、上海和利稀土集团有限公司。

本文件起草人：秦明升、姜朋飞、徐小峰、程龙、姚素芳、伍松、张金平、杜俊杰、夏维广、何学华、许佩琪、姜益光、崔素杰、陈俊锋、杜勇、薛振海、夏金峰、沈明吉。

本文件于 2021 年 4 月 22 日首次发布。

特种光学材料用氟化物

1 范围

本文件规定了特种光学材料用氟化物(以下简称氟化物)的分类、要求、试验方法、检验规则及标志、包装、运输、贮存。

本文件适用于氟化钙、氟化钡、氟化锶和氟化铝。

2 规范性引用文件

下列文件中的内容通过文中的规范性引用而构成本文件必不可少的条款。其中,注日期的引用文件,仅该日期对应的版本适用于本文件;不注日期的引用文件,其最新版本(包括所有的修改单)适用于本文件。

GB/T 191—2008 包装储运图示标志

GB/T 5195.6—2006 萤石 磷含量的测定

GB/T 5195.8—2006 萤石 二氧化硅含量的测定

GB/T 6678—2003 化工产品采样总则

GB/T 6682—2016 分析实验室用水规格和试验方法

GB/T 8170—2016 数值修约规则与极限数值的表示和判定

GB/T 27804—2011 氟化钙

HG/T 3696.2—2018 无机化工产品 化学分析用标准溶液、制剂及制品的制备 第2部分:杂质标准溶液的制备

HG/T 3696.3—2018 无机化工产品 化学分析用标准溶液、制剂及制品的制备 第3部分:制剂及制品的制备

HG/T 4499—2013 工业氟化钡

HG/T 4830—2015 高纯工业品 偏磷酸铝

YS/T 581.2—2006 氟化铝化学分析方法和物理性能测定方法 第2部分:烧减量的测定

YS/T 581.4—2006 氟化铝化学分析方法和物理性能测定方法 第4部分:EDTA 容量法测定铝含量

3 分子式和相对分子质量

氟化物分子式和相对分子质量见表1。其中,相对分子质量按2014年国际相对原子质量。

表1 氟化物分子式和相对分子质量

氟化物	分子式	相对分子质量
氟化钙	CaF_2	78.08
氟化钡	BaF_2	175.32
氟化锶	SrF_2	125.62
氟化铝	AlF_3	83.98

4 分类

按照用途不同，氟化物可分为：

a) Ⅰ级——用于红外晶体；

b) Ⅱ级——用于特种光学玻璃，也可用于发光材料助剂。

5 要求

氟化物性能应符合表2的要求。

表2 氟化物性能要求

项目	指标	
	Ⅰ	Ⅱ
外观	白色粉末	
氟化物 ω/%	≥99.0	
二氧化硅(SiO_2)/%	≤0.3	≤0.4
磷酸盐(P_2O_5)/%	≤0.005	≤0.010
铁(Fe)/(mg/kg)	<5	<10
铜(Cu)/(mg/kg)	<1	
镍(Ni)/(mg/kg)	<1	
钴(Co)/(mg/kg)	<1	
锰(Mn)/(mg/kg)	<1	
铬(Cr)/(mg/kg)	<1	
烧减量 ω/%	≤0.5	

6 试验方法

警示：本试验方法中使用的部分试剂具有腐蚀性，操作时须小心谨慎，应做好防护措施，须佩戴合适防护用具，如手套、口罩等，应在通风橱内进行！如溅到皮肤上应立即用水冲洗，严重者应立即治疗。

6.1 总体要求

本文件所用试剂与水，在没有注明其他要求时，均指分析纯试剂和GB/T 6682—2016规定的三级水。试验中所用杂质标准溶液、制剂及制品，在未注明其他要求时，均按HG/T 3696.2—2018、HG/T 3696.3—2018的规定制备。试验方法中的样品均需预先于105 ℃±2 ℃下干燥至恒重。

6.2 外观

在自然光下，于白色衬底的表面皿或白瓷板上用目视法判定外观。

6.3 氟化物含量

6.3.1 氟化钙(CaF_2)含量

按 GB/T 27804—2011 中的 6.4 规定测定，钙指示剂采用铬蓝黑 R。

6.3.2 氟化钡(BaF_2)含量

按 HG/T 4499—2013 中的 5.4 规定测定。

6.3.3 氟化锶(SrF_2)含量

按附录 A 的规定测定。

6.3.4 氟化铝(AlF_3)含量

按 YS/T 581.4—2006 的规定测定氟化铝中的铝含量，然后转换为氟化铝含量。

6.4 二氧化硅(SiO_2)含量

按 GB/T 5195.8—2006 第 3 章的规定进行测定。

6.5 磷酸盐(P_2O_5)含量

按 GB/T 5195.6—2006 第 3 章的规定进行测定。

6.6 微量金属元素(Fe、Cu、Ni、Co、Mn、Cr)含量

按 HG/T 4830—2015 中的 6.5 的规定进行。其中，微波消解液更改为 3 mL 高氯酸、3 mL 硝酸、2 mL 双氧水和 1 mL 盐酸，预反应 12 h 后上微波设备消解。

6.7 烧减量

按 YS/T 581.2—2006 规定测定。其中，CaF_2、BaF_2 和 SrF_2 采用 900 ℃炉温灼烧，AlF_3 采用 500 ℃炉温灼烧。

7 检验规则

7.1 检验分类

检验分为出厂检验和型式检验。

7.1.1 出厂检验

出厂检验每批检验一次，检验项目为外观、氟化物含量、微量金属元素含量、烧减量。

7.1.2 型式检验

型式检验为全项目检验。有下列情况之一时，应进行型式检验：

a) 新产品或老产品转产生产的试制定型鉴定；

b) 正式生产后，如配方、原料、工艺改变，可能影响产品性能时；

c) 产品停产一年以上，恢复生产；

d) 正常生产时，每年进行一次检验；

e) 出厂检验结果与上次型式检验有较大差异。

7.2 组批

检验以批为单位，以相同材料、相同生产条件、连续生产或同一班组生产的产品为一批，每批产品不超过 2 吨。

7.3 抽样

按照 GB/T 6678—2003 的规定确定采样单元数，在洁净环境中，打开包装袋，使用专用的采样器自包装袋的上方斜插入料层深度的 3/4 处采样。将所采样品混匀，用四分法缩分至样品量不少于 500 g。立即将样品分装于两个清洁、干燥的容器中密封，并按要求在容器外部粘贴标签，注明厂名、产品名称、类别、批号、采样日期和采样者姓名。一份用于检验，另一份保存备查。

7.4 判定与复验规则

采用 GB/T 8170—2016 规定的修约值比较法判定检验结果是否符合本文件。检验结果如果有指标不符合本文件要求，应重新在两倍量的包装中采样复验，复验结果有任何一项指标不符合本文件要求时，则整批产品视为不合格。

8 标志、包装、运输、贮存

8.1 标志

8.1.1 包装上应有牢固清晰的标志，内容包括：生产厂名、厂址、产品名称、类别、净含量、批号（或生产日期）、本文件编号以及 GB/T 191—2008 规定的“怕雨”标志。

8.1.2 每批出厂的产品都应附有质量证明书，内容包括：厂名、厂址、产品名称、类别、净含量、批号（或生产日期）、检验报告和本文件编号。

8.2 包装

产品应采用双层包装，内包装采用聚乙烯塑料薄膜袋（厚度不小于 0.6 mm），袋口用尼龙绳扎紧或进行严密封口；外包装采用复合塑料编织袋或包装桶，外包装袋应牢固缝合，外包装桶应完全密封。包装方式和净含量按照与客户协商的方式确定。

8.3 运输

产品在运输过程中应有遮盖，防止日晒、雨淋，包装不应破损。

8.4 贮存

8.4.1 产品应贮存在阴凉、干燥、通风的库房内，防止日晒、雨淋。

8.4.2 在符合 8.4.1 贮运条件下，自生产之日起，产品保质期三年。

附 录 A

（规范性）

氟化锶含量测试方法

A.1 方法提要

在氟化锶含量测定过程中，铬黑 T 指示剂显蓝色。当与 Sr^{2+} 结合形成络合物时，铬黑 T 指示剂显紫红色。加入 EDTA 标准滴定溶液时，由于 Sr^{2+} 与 EDTA 络合的能力强于铬黑 T 指示剂，EDTA 会与铬黑 T 指示剂中的 Sr^{2+} 络合，当全部络合完时，铬黑 T 指示剂因失去 Sr^{2+} 从紫红色还原成原有的蓝色，即为滴定终点，通过 EDTA 标准滴定溶液使用量可计算得出氟化锶含量。

A.2 仪器与器皿

A.2.1 分析天平：精确到 0.000 1 g。

A.2.2 电热板：可控温，RT～300 ℃。

A.2.3 滴定管：酸式滴定管。

A.2.4 四氟乙烯烧杯：100 mL。

A.3 试剂

A.3.1 浓盐酸：36.0%～38.0%、优级纯。

A.3.2 高氯酸：70.0%～72.0%、优级纯。

A.3.3 氯化镁溶液（0.05 mol/L）：称取 4.76 g±1 mg 干燥氯化镁溶解于纯净水中，随后完全转移至 1 L 容量瓶中用纯净水定容至刻度。

A.3.4 铬黑 T 指示剂（5 g/L）：称取铬黑 T 干粉指示剂 0.5 g，溶解于适量 95% 乙醇中，再将溶液转移至 100 mL 容量瓶中混匀定容即可。

A.3.5 EDTA 标准滴定溶液（0.05 mol/L）：精确称取 9.2 g±0.05 g EDTA 置于烧杯中，用纯净水溶解后转移至 500 mL 容量瓶中，用纯净水稀释定容至刻度。

A.4 试验步骤

称取 0.1 g 氟化锶样品（精确至 0.1 mg），记录该质量 m_0。将样品移入 250 mL 四氟乙烯烧杯，用少量纯净水湿润样品，加入 10 mL 高氯酸，将烧杯置于电热板上于 120 ℃加热，待白烟冒尽，取下冷却。冷却至室温后，用 3 mL 盐酸浸取样品，然后转移至 500 mL 锥形瓶中，用纯净水稀释至约 100 mL。向样品溶液中加入 10 mL 氯化镁溶液（增加变色灵敏度），用氨水调节 pH 值至 6～8，加入 10 mL 氨-氯化铵缓冲溶液，摇匀后加入 2 滴铬黑 T 指示剂。用 EDTA 标准滴定溶液滴定，当样品溶液从紫红色变为蓝色时为滴定终点，记录 EDTA 标准滴定溶液的使用体积 V_1。同时做空白试验，记录 EDTA 标准滴定溶液的使用体积 V_2。

A.5 结果处理

氟化锶含量按下式计算：

$$X = \frac{(V_1 - V_2) \times 0.006\,281}{m_0 \times (1 - \omega)} \times 100\% \quad \cdots\cdots (A.1)$$

式中：

X ——氟化锶含量，%；

V_1——样品溶液从紫红色变为蓝色时 EDTA 标准滴定溶液的使用体积，单位为毫升(mL)；

V_2——空白试验 EDTA 标准滴定溶液的使用体积，单位为毫升(mL)；

ω——烧减量，%；

0.006 281——EDTA 的物质的量浓度换算成氟化锶的摩尔质量的系数；

m_0——氟化锶样品质量，单位为克(g)。

取平行测定结果的算术平均值为最终测定结果，两次平行测定结果的绝对差值应不大于 0.3%。

参 考 文 献

[1] HG/T2958.1—1988(1997) 天青石矿石中锶和钙含量的测定 EDTA 容量法

ICS 71.060.50
G 12

团 体 标 准

T/SHXCL 0007—2021

特种光学材料用偏磷酸盐

The metaphosphates for special optical material

2021-04-22 发布　　2021-06-15 实施

上海市新材料协会　发布

前　　言

本文件按 GB/T 1.1—2020《标准化工作导则　第 1 部分：标准化文件的结构和起草规则》的规定起草。

本文件由上海市新材料协会提出并组织实施。

本文件由上海市新材料协会标准化技术委员会归口。

本文件起草单位：上海太洋科技有限公司、湖北新华光信息材料有限公司、中国科学院强激光材料重点实验室、上海硅酸盐研究所中试基地、中国科学院上海硅酸盐研究所、上海和利稀土集团有限公司。

本文件起草人：秦明升、姜朋飞、徐小峰、程龙、姚素芳、伍松、张金平、杜俊杰、夏维广、何学华、许佩琪、姜益光、崔素杰、陈俊锋、杜勇、薛振海、夏金峰、沈明吉。

本文件于 2021 年 4 月 22 日首次发布。

特种光学材料用偏磷酸盐

1 范围

本文件规定了特种光学材料用偏磷酸盐(以下简称偏磷酸盐)的分类、要求、试验方法、检验规则及标志、包装、运输、贮存。

本文件适用于偏磷酸锂、偏磷酸钠、偏磷酸钾、偏磷酸钡和偏磷酸铝。

2 规范性引用文件

下列文件中的内容通过文中的规范性引用而构成本文件必不可少的条款。其中,注日期的引用文件,仅该日期对应的版本适用于本文件;不注日期的引用文件,其最新版本(包括所有的修改单)适用于本文件。

GB/T 191—2008 包装储运图示标志

GB/T 6678—2003 化工产品采样总则

GB/T 6682—2016 分析实验室用水规格和试验方法

GB/T 8170—2016 数值修约规则与极限数值的表示和判定

HG/T 3696.2—2018 无机化工产品 化学分析用标准溶液、制剂及制品的制备 第2部分:杂质标准溶液的制备

HG/T 3696.3—2018 无机化工产品 化学分析用标准溶液、制剂及制品的制备 第3部分:制剂及制品的制备

HG/T 4510—2013 工业磷酸氢二钾

HG/T 4830—2015 高纯工业品 偏磷酸铝

YS/T 581.2—2006 氟化铝化学分析方法和物理性能测定方法 第2部分:烧减量的测定

YS/T 509.1—2008 锂辉石、锂云母精矿化学分析方法 氧化锂、氧化钠、氧化钾量的测定 火焰原子吸收光谱法

3 分子式和相对分子质量

偏磷酸盐分子式和相对分子质量见表1。其中,相对分子质量按2014年国际相对原子质量。

表1 偏磷酸盐分子式和相对分子质量

偏磷酸盐	分子式	相对分子质量
偏磷酸锂	$LiPO_3$	85.91
偏磷酸钠	$NaPO_3$	101.96
偏磷酸钾	KPO_3	109.07
偏磷酸钡	$Ba(PO_3)_2$	295.27
偏磷酸铝	$Al(PO_3)_3$	263.89

4 分类

按照用途不同，偏磷酸盐可分为：

a) Ⅰ级——用于激光光纤或光通讯光纤玻璃；

b) Ⅱ级——用于高功率激光玻璃；

c) Ⅲ级——用于其他特种光学玻璃。

5 要求

偏磷酸盐性能应符合表2的要求。

表2 偏磷酸盐性能要求

项目	指标														
	$LiPO_3$			$NaPO_3$			KPO_3			$Ba(PO_3)_2$			$Al(PO_3)_3$		
	Ⅰ	Ⅱ	Ⅲ	Ⅰ	Ⅱ	Ⅲ	Ⅰ	Ⅱ	Ⅲ	Ⅰ	Ⅱ	Ⅲ	Ⅰ	Ⅱ	Ⅲ
外观	白色粉末														
Li_2O ω/%	17.5±0.5			—			—			—			—		
Na_2O ω/%	—			30±0.5			—			—			—		
K_2O ω/%	—			—			40±0.5			—			—		
BaO ω/%	—			—			—			52±1			—		
Al_2O_3 ω/%	—			—			—			—			19±0.5		
P_2O_5 ω/%	82.5±1			70±1			60±1			48±0.5			81±1		
Fe/(mg/kg)	<1	<2	<10	<1	<2	<10	<1	<2	<10	<1	<2	<10	<1	<2	<10
Cu/(mg/kg)	0.1														
Ni/(mg/kg)	<1														
Co/(mg/kg)	<1														
Mn/(mg/kg)	<1														
Cr/(mg/kg)	<1														
Pb/(mg/kg)	<1														
Zn/(mg/kg)	<1														
烧减量 ω/%	≤0.5														

6 试验方法

警示：本试验方法中使用的部分试剂具有腐蚀性，操作时须小心谨慎，应做好防护措施，须佩戴合适防护用具，如手套、口罩等，应在通风橱内进行！如溅到皮肤上应立即用水冲洗，严重者应立即治疗。

6.1 总体要求

本文件所用试剂与水，在没有注明其他要求时，均指分析纯试剂和 GB/T 6682—2016 规定的三级水。试验中所用杂质标准溶液、制剂及制品，在未注明其他要求时，均按 HG/T 3696.2—2018、HG/T 3696.3—2018 的规定制备。试验方法中的样品均需预先于 105 ℃±2 ℃下干燥至恒重。

6.2 外观

在自然光下，于白色衬底的表面皿或白瓷板上用目视法判定外观。

6.3 偏磷酸盐组分含量

6.3.1 氧化锂(Li_2O)含量

按 YS/T 509.1—2008 中的规定测定偏磷酸锂中锂含量，然后转换成氧化锂含量。

6.3.2 氧化钠(Na_2O)含量

按 YS/T 509.1—2008 中的规定测定偏磷酸钠中钠含量，然后转换成氧化钠含量。

6.3.3 氧化钾(K_2O)含量

按 HG/T 4510—2013 中 5.5 的规定测定偏磷酸钾中钾含量，然后转换成氧化钾含量。

6.3.4 氧化钡(BaO)含量

按附录 A 的规定测定。

6.3.5 氧化铝(Al_2O_3)含量

按附录 B 的规定测定。

6.3.6 五氧化二磷(P_2O_5)含量

按 HG/T 4510—2013 中 5.4.1 的规定进行，其中偏磷酸盐使用高氯酸溶解。

6.4 微量金属元素(Fe、Cu、Ni、Co、Mn、Cr、Pb、Zn)含量

按 HG/T 4830—2015 中 6.5 的规定进行。

6.5 烧减量

按 YS/T 581.2—2006 的规定测定。其中，采用 500 ℃炉温灼烧。

7 检验规则

7.1 出厂检验

出厂检验项目为本文件表 2 中规定的性能要求。

7.2 组批

检验以批为单位，以相同材料、相同生产条件、连续生产或同一班组生产的产品为一批，每批产品不超过 2 吨。

7.3 抽样

按 GB/T 6678—2003 的规定确定采样单元数，在洁净环境中，打开包装袋，使用专用的采样器自包装袋的上方斜插入料层深度的 3/4 处采样。将所采样品混匀，用四分法缩分至样品量不少于 500 g。立即将样品分装于两个清洁、干燥的容器中密封，并按要求在容器外部粘贴标签，注明厂名、产品名称、类别、批号、采样日期和采样者姓名。一份用于检验，另一份保存备查。

7.4 判定与复验规则

采用 GB/T 8170—2016 规定修约值比较法判定检验结果是否符合本文件。检验结果如果有指标不符合本文件要求，应重新在两倍量的包装中采样复验，复验结果当有一项指标不符合本文件表 2 要求时，则整批产品视为不合格。

8 标志、包装、运输、贮存

8.1 标志

8.1.1 包装上应有牢固清晰的标志，内容包括：生产厂名、厂址、产品名称、类别、净含量、批号(或生产日期)、本文件编号以及 GB/T 191—2008 规定的"怕雨"标志。

8.1.2 每批出厂的产品都应附有质量证明书，内容包括：生产厂名、厂址、产品名称、类别、净含量、批号(或生产日期)、检验报告和本文件编号。

8.2 包装

产品应采用双层包装，内包装采用聚乙烯塑料薄膜袋(厚度不小于 0.6 mm)，袋口用尼龙绳扎紧或进行严密封口；外包装采用复合塑料编织袋或包装桶，外包装袋应牢固缝合，外包装桶应完全密封。包装方式和净含量按照与客户协商的方式确定。

8.3 运输

产品在运输过程中应有遮盖，防止日晒、雨淋，包装不应破损。

8.4 贮存

8.4.1 产品应贮存在阴凉、干燥、通风的库房内，防止日晒、雨淋。

8.4.2 在符合 8.4.1 贮运条件下，自生产之日起，产品保质期三年。

附 录 A

（规范性）

偏磷酸钡中氧化钡含量测试方法

A.1 方法提要

加入的硫酸根与偏磷酸钡中的钡离子形成硫酸钡沉淀，通过称重沉淀质量来计算氧化钡含量。

A.2 仪器、设备与器皿

A 2.1 分析天平：精确到 0.000 1 g。

A 2.2 抽滤机，配套材料。

A 2.3 水浴锅：精度，±2 ℃。

A 2.4 马弗炉：RT～1 200 ℃。

A 2.5 电热板：可控温，RT～300 ℃。

A 2.6 干燥皿：常规，Φ400 mm。

A 2.7 瓷坩埚：50 mL。

A.3 试剂

A.3.1 浓硫酸：95.0%～98.0%，优级纯。

A.3.2 高氯酸：70.0%～72.0%，优级纯。

A.4 试验步骤

A.4.1 称取 0.4 g 样品（精确至 0.1 mg），记录该质量为 m_0。将样品转移入 250 mL 烧杯中，用少量纯净水湿润样品，向烧杯中加入 5 mL 高氯酸，将烧杯置于电热板上于 120 ℃加热溶解。

A.4.2 取一个 100 mL 烧杯，移入 75 mL 纯净水、10 mL 硫酸溶液，加热至近沸。趁热将此硫酸溶液逐滴加入 A.4.1 样品溶液中，室温陈化 12 h 或 100 ℃水浴陈化 1 h。然后将陈化后的溶液用抽滤机抽滤（慢速定量滤纸），用纯净水洗涤沉淀物 3 次。

A.4.3 取坩埚置于马弗炉中升温至 800 ℃后烧灼 1 h，稍冷后置于干燥皿中冷却，冷却至室温后称重，重复上述过程，直至相邻两次称重结果差值小于 1 mg，记录最后一次称重结果为 m_1；然后将附着沉淀物的滤纸置于恒重后的坩埚中，盖好盖子，放在电热板上炭化，炭化过程中确保滤纸不起火燃烧，冷却至室温。然后将该坩埚置于马弗炉中，小心将坩埚盖移开一条缝隙，将马弗炉升温至 800 ℃（升温速率：20 ℃/min），保温 2 h，冷却至室温后取出坩埚称重，再次将坩埚置于马弗炉中重复上述过程，直至相邻两次称重结果差值小于 1 mg，记录最后一次称重结果为 m_2。

A.5 结果处理

氧化钡含量按下式计算：

$$X = \frac{(m_2 - m_1) \times 0.657}{m_0 \times (1 - \omega)} \times 100\% \quad \cdots\cdots (A.1)$$

式中：

X——氧化钡含量，%；

m_1——坩埚恒重，单位为克(g)；
m_2——含沉淀物坩埚恒重，单位为克(g)；
0.657——硫酸钡换算成氧化钡的系数；
m_0——样品质量，单位为克(g)；
ω——烧减量，%。

取平行测定结果的算术平均值为测定结果，两次平行测定结果的绝对差值不大于0.3%。

附　录　B

（规范性）

偏磷酸铝中氧化铝含量测试方法

B.1　方法提要

测定时，先加入 EDTA，EDTA 会与 Al^{3+} 络合，然后将 pH 值调整至 5.5～6.0，加入二甲酚橙指示剂，以锌标准滴定溶液滴定过量的 EDTA。通过锌标准滴定溶液使用量计算出铝的含量，再推算出氧化铝含量。

B.2　仪器与器皿

B.2.1　分析天平：精确到 0.000 1 g。

B.2.2　电热板：可控温，RT～300 ℃。

B.2.3　马弗炉：RT～1 200 ℃。

B.2.4　滴定管：酸式滴定管。

B.2.5　铂金坩埚：50 mL。

B.3　试剂

B.3.1　氢氧化钠：分析纯。

B.3.2　EDTA 标准滴定溶液（0.05 mol/L）：称取 9.305 g±1 mg 的 EDTA（分析纯）置入烧杯，用纯净水溶解后转移至 500 mL 容量瓶，用纯净水定容至刻度。

B.3.3　浓氨水（优级纯）。

B.3.4　乙酸-乙酸铵缓冲溶液：称取 200 g 乙酸铵（分析纯）于 500 mL 容量瓶中，再向其中移入 10 mL 冰乙酸（分析纯），加入适量纯净水使其完全溶解，完全转移至 1 000 mL 容量瓶中，用纯净水定容至刻度摇匀。

B.3.5　二甲酚橙指示剂溶液（1 g/L）：取 0.1 g 二甲酚橙溶解于 100 mL 纯净水中。

B.3.6　锌标准滴定溶液（0.05 mol/L）：取 3.269 g±1 mg 锌粒，在加热状态下溶解于 200 mL 纯净水和 15 mL 浓硝酸的混合溶液中，缓慢将溶液蒸发至体积为 10 mL～20 mL，取下冷却，用纯净水稀释，随后完全转移至 1 000 mL 容量瓶中定容至刻度。

B.4　试验测定步骤

B.4.1　称取 1 g 样品（精确至 0.1 mg），记录该质量为 m_0。将样品放入铂金坩埚中，加入 2.0 g 氢氧化钠和 2 mL 纯净水润湿，将坩埚转移至马弗炉中于 750 ℃熔融 15 min，取出冷却至室温，向铂金坩埚中加入 30 mL 纯净水，在电热板上加热溶解后转移至 100 mL 容量瓶中，用纯净水定容至刻度。

B.4.2　移取 10 mL B.4.1 溶液于 250 mL 锥形瓶中，用纯净水稀释至约 100 mL，加入 25.00 mL EDTA 标准滴定溶液，用氨水调节 pH 值为中性。加入 10 mL 乙酸-乙酸铵缓冲溶液，加热煮沸 3 min～5 min，冷却。冷却至室温后加入 3 滴～4 滴二甲酚橙指示剂溶液，用锌标准滴定溶液滴定至红色，即为滴定终点。记录使用的锌标准滴定溶液体积 V_1。同时进行空白试样试验，记录锌标准滴定溶液使用体积 V_2。

B.5　结果处理

氧化铝含量按下式计算：

$$X = \frac{0.000\,025 \times (V_2 - V_1) \times (100 \div 10) \times 101.96}{m_0 \times (1 - \omega)} \times 100\% \quad \cdots\cdots\cdots\cdots\cdots\cdots \text{(B.1)}$$

式中：

X——氧化铝含量，%；

101.96——Al_2O_3的摩尔质量，单位为克每摩尔(g/mol)；

V_2——空白试样锌标准滴定溶液的使用体积，单位为毫升(mL)；

V_1——试样锌标准滴定溶液的使用体积，单位为毫升(mL)；

m_0——样品质量，单位为克(g)；

ω——烧减量，%。

取平行测定结果的算术平均值为测定结果，两次测定结果的绝对差值不大于0.3%。

参 考 文 献

[1] HG/T 4499—2013 工业氟化钡

[2] YS/T 581.4—2006 氟化铝化学分析方法和物理性能测定方法 第4部分：EDTA容量法测定铝含量

ICS 71.060.99
G 14

团 体 标 准

T/SHXCL 0003—2021

无机金属离子抗菌抗病毒添加剂

Inorganic metal-ion antibacterial and antiviral additives

2021-04-12 发布　　2021-05-30 实施

上海市新材料协会　发布

前　言

本文件按 GB/T 1.1—2020 《标准化工作导则　第 1 部分：标准化文件的结构和起草规则》的规定起草。

本文件由上海市新材料协会提出并归口。

本文件起草单位：上海朗亿功能材料有限公司、复旦大学材料科学系、复旦大学附属中山医院、东华大学材料科学与工程学院、上海德福伦化纤有限公司、英格尔检测技术服务（上海）有限公司、上海卫好家生物科技有限公司、上海宜瓷龙新材料股份有限公司、上海锦湖日丽塑料有限公司、上海普利特复合材料股份有限公司。

本文件主要起草人：唐晓峰、余子涯、龚巍、杨振霖、张玉梅、冯忠耀、徐森彪、刁建敏、李力峰、单桂芳、蔡青。

本文件于 2021 年 4 月 12 日首次发布。

无机金属离子抗菌抗病毒添加剂

1 范围

本文件规定了无机金属离子抗菌抗病毒添加剂(以下简称添加剂)的术语和定义、分类、要求、试验方法、检验规则及标志、包装、运输、贮存。

本文件适用于以磷酸锆或玻璃等无机微纳米材料为载体的载银、载锌、载铜、载银锌的无机金属离子抗菌抗病毒粉末作为抗菌抗病毒功能组分(结构单元)的材料添加剂,如纤维、织物、薄膜、塑料、涂料和陶瓷。其他材料的抗菌抗病毒添加剂也可以参照本文件执行。

2 规范性引用文件

下列文件对于本文件的应用是必不可少的。凡是注日期的引用文件,仅注日期的版本适用于本文件。凡是不注日期的引用文件,其最新版本(包括所有的修改单)适用于本文件。

GB/T 6284—2006 化工产品中水分测定的通用方法 干燥减量法

GB/T 8170—2008 数值修约规则与极限数值的表示和判定

GB/T 16777—2008 建筑防水涂料试验方法

GB/T 18244—2000 建筑防水材料老化试验方法

GB/T 19077—2016 粒度分布 激光衍射法

GB/T 21510—2008 纳米无机材料抗菌性能检测方法

HG/T 3794—2005 无机抗菌剂——性能及评价

ISO 18184:2019 纺织品 纺织品抗病毒活性测定

中华人民共和国卫生部《消毒技术规范》(2002年)

3 术语和定义

下列术语和定义适用于本文件。

3.1

抗菌 antibacterial

采用化学或者物理方法杀灭细菌或妨碍细菌生长繁殖及其活性的过程。

[来源:HG/T 3794—2005,3.1]

3.2

抗病毒 antiviral activity

通过化学或其他方式对病毒结构中的某个元素进行修饰,使其丧失复制能力。

注1: 通常通过改变病毒表面蛋白的形态或者破坏病毒的结构,从而降低病毒活性。

注2: 抗原反应的改变或组成元素的改变并不一定意味着病毒感染性的降低。

[来源:ISO 18184:2019,3.3]

3.3

无机金属离子抗菌抗病毒添加剂　inorganic metal-ion antibacterial and antiviral additives

以磷酸锆或玻璃等无机微纳米材料为载体的载银、载锌、载铜、载银锌的抗菌抗病毒粉末。

3.4

Lab 值　Lab value

Lab 色彩模式是国际照明协会规定的一种颜色标定模式。

注 1：L 代表亮度，范围为 0～100，最暗为 0，最亮为 100；

注 2：a 是由绿到红的色彩变化，范围在－128～＋128，纯绿是－128，纯红是＋128，之间分为 256 级；

注 3：b 是由蓝到黄的色彩变化，范围在－128～＋128，纯蓝是－128，纯黄是＋128，之间分为 256 级。

4　分类

按承载金属离子的载体不同，添加剂可分为：

a) Ⅰ类——以磷酸锆为载体的金属离子抗菌抗病毒添加剂；

b) Ⅱ类——以玻璃为载体的金属离子抗菌抗病毒添加剂。

5　要求

5.1　物理化学性能

添加剂的物理化学性能应符合表 1 的要求。

表 1　添加剂物理化学性能

项　目	要　求					
	Ⅰ　类		Ⅱ　类			
	载　银	载　铜	载　银	载　锌	载　铜	载银锌
外观	白色粉末	淡蓝色粉末	白色粉末	白色粉末	淡蓝色粉末	白色粉末
L	98.0±1.0	94.0±1.0	98.0±1.0	98.0±1.0	94.0±1.0	98.0±1.0
a	0.0±0.5	−5.0±5.0	0.0±0.5	0.0±0.5	−5.0±5.0	0.0±0.5
b	0.0±1.0	−1.0±2.0	0.0±1.0	0.0±1.0	−1.0±2.0	0.0±1.0
金属离子含量/%	1.0～10.0	1.0～6.0	0.5～2.0	20.0～50.0	10.0～30.0	银：0.1～0.3 锌：15.0～30.0
平均粒径(D50)/μm	X±0.2		X±1.0			
粒径(D98)/μm	Y±1.0		Y±2.0			
水分/%	≤2.0					

注：1. Lab 值适用于终端产品有色泽要求的添加剂产品。
　　2. 粒径 X 在Ⅰ类产品为 0.6～1.0，Ⅱ类产品为 3.0～10.0；粒径 Y 在Ⅰ类产品为 2.0～5.0，Ⅱ类产品为 10.0～30.0。

5.2　安全卫生性能

添加剂的安全卫生性能应符合表 2 的要求。

表 2　添加剂安全卫生性能

项　　目	要　　求
急性经口毒性试验	实际无毒级
多次皮肤刺激试验	无刺激性
急性眼刺激试验	无刺激性

5.3　抗菌性能

添加剂的抗菌性能应符合表 3 的要求。

表 3　添加剂抗菌性能

项　　目	要　　求
抗菌率 *R* 大肠杆菌 8099 或 ATCC 25922/%	≥99.9
抗菌率 *R* 金黄色葡萄球菌 ATCC 6538/%	≥99.9
抗菌率 *R* 白念珠菌 ATCC 10231/%	≥99.0

5.4　抗病毒性能

添加剂的抗病毒性能应符合表 4 的要求。

表 4　添加剂抗病毒性能

项　　目		要　　求
甲型 H1N1 流感病毒	平均灭活对数值	≥4.0
	阳性(病毒)对照组平均病毒感染滴度对照值	4.0～7.0
冠状病毒 HCoV-229E	平均灭活对数值	≥4.0
	阳性(病毒)对照组平均病毒感染滴度对照值	4.0～7.0

5.5　耐老化性能

经紫外光照老化后，添加剂的抗菌性能应符合表 3 的要求，Lab 值应符合式(1)、式(2)和式(3)的要求。

$$L_2 = L \pm 1.0 \qquad (1)$$

$$a_2 = a \pm 1.0 \qquad (2)$$

$$b_2 = b \pm 1.0 \qquad (3)$$

式中：

L、a、b——辐照前的 Lab 值；

L_2、a_2、b_2——辐照后的 Lab 值。

6 试验方法

6.1 物理化学性能

6.1.1 外观

自然光下目测。

6.1.2 Lab 值

按附录 A 的规定执行。

6.1.3 金属离子含量

按附录 B 的规定执行。

6.1.4 粒径

按 GB/T 19077—2016 的规定执行。

6.1.5 水分

按 GB/T 6284—2006 的规定执行。

6.2 安全卫生性能

6.2.1 急性经口毒性试验

按《消毒技术规范》(2002 年)2.3.1 的规定执行。

6.2.2 皮肤刺激试验

按《消毒技术规范》(2002 年)2.3.3 的规定执行。

6.2.3 急性眼刺激试验

按《消毒技术规范》(2002 年)2.3.4 的规定执行。

6.3 抗菌性能

按 GB/T 21510—2008 附录 A 的规定执行。

6.4 抗病毒性能

按附录 C 的规定执行。

6.5 耐老化性能

参照 GB/T 16777—2008 中 9.2.6 的试验步骤，称取 1.0 g 添加剂放入表面皿中，均匀铺至厚度为 0.2 mm～0.3 mm，放入符合 GB/T 18244—2000 要求的氙弧灯老化试验箱中，试验累计辐照能量为 1 500 MJ^2/m^2 (720 h)后取出，按 GB/T 21510—2008 附录 A 和本文件附录 A 的要求测试抗菌性和 Lab 值。

7 检验规则

7.1 检验分类

检验分为出厂检验和型式检验。

7.1.1 出厂检验

出厂检验项目为外观、Lab 值、金属离子含量、粒径、水分。

7.1.2 型式检验

型式检验为全项目检验。

有下列情况之一时，应进行型式检验：

a）新产品或老产品转产生产的试制定型鉴定；
b）正式生产后，如配方、原料、工艺改变，可能影响产品性能；
c）产品停产一年以上，恢复生产；
d）正常生产时，每年进行一次检验；
e）出厂检验结果与上次型式检验有较大差异。

7.2 组批

检验以批为单位，以同一釜制备的产品（不大于 500 kg）为一个检验批。

7.3 抽样

出厂检验样本应从每一批中随机抽取约 10 g 的添加剂作为试验样品进行检验，复验抽样需在同一批中抽取。型式检验的样本应从出厂检验合格的产品中随机抽取约 100 g 的添加剂作为试验样品进行检验。

数值修约规则与极限数值的表示和判定按照 GB/T 8170—2008 的规定执行。

7.4 判定与复验规则

检验结果若有任何一项不合格者，应重新取两份试样对该项目进行复验，复验结果仍不合格时，则该批为不合格品。

8 标志、包装、运输、贮存

8.1 标志

包装容器上应标有下列内容：
a）产品名称；
b）产品标准号；
c）净质量；
d）生产厂名；
e）生产日期和批次；
f）有效贮存期。

8.2 包装

内包装为 PE 袋和铝箔袋双层装，外包装为纸筒装。

8.3 运输

包装容器在运输时应防止雨淋、日光暴晒，并符合交通运输部门的有关规定。

8.4 贮存

8.4.1 贮存在阴凉、通风、干燥的仓库内，防止日光直射，并应隔绝火源，远离热源。
8.4.2 在符合 8.4.1 贮运条件下，自生产之日起，产品保质期二年。

附 录 A

(规范性)

Lab值试验方法

A.1 范围

本试验方法适用于测定添加剂的 Lab 值。

A.2 试验设备和材料

A.2.1 试验设备

色差仪。

A.2.2 试验器材

试验器材如下：

a) 白色校正板；

b) 黑色校正板；

c) 石英皿容器。

A.2.3 试验材料

添加剂粉体。

A.3 试验程序

A.3.1 打开电源，开机，同时将电脑中颜色管控软件打开。

A.3.2 打开测试模式功能键，选择测试模式，模式 1 为透射测试，模式 2 为反射测试。

A.3.3 打开校正功能键，先将白色校正板进行测量校正，再将黑色校正板进行测量校正。

A.3.4 将添加剂粉体装入透光的石英皿容器中，将石英皿容器覆盖色差仪测试孔，进行添加剂粉体颜色的测试。测试时注意将色板完全覆盖住色差仪测试孔，防止测试时漏光。

A.4 试验结果

测试后点击完成进行保存，读取数据。

附 录 B

(规范性)

金属离子含量试验方法

B.1 原理

添加剂粉体消解后,使用电感耦合等离子体发射光谱仪进行测定,根据元素的特征谱线波长进行定性分析;根据待测元素谱线信号强度与元素浓度的正比关系进行定量分析。

B.2 试验设备和材料

B.2.1 试验设备

试验设备如下:

a) 电感耦合等离子体发射光谱仪(ICP - OES):进样系统配有耐 HF 的矩管和锥;

b) 天平:感量为 0.1 mg 和 1 mg;

c) 微波消解仪:配有聚四氟乙烯消解内罐。

B.2.2 试验试剂与耗材

试验试剂与耗材如下:

a) 硝酸(HNO_3):优级纯;

b) 氢氟酸(HF):优级纯;

c) 氩气(Ar):氩气(≥99.999%)或液氩;

d) 添加剂粉体;

e) 元素贮备液(1 000 mg/L):铜、锌、银,采用经国家认证并授予标准物质证书的单元素标准贮备液或多元素混合标准贮备液。

B.3 试验准备

B.3.1 试剂配制

B.3.1.1 硝酸溶液:取 50 mL 硝酸,缓慢加入 950 mL 水中,混匀。

B.3.1.2 硝酸-高氯酸溶液:取 10 mL 高氯酸,缓慢加入 100 mL 硝酸中,混匀。

B.3.2 标准溶液配制

精确移取适量单元素标准贮备液或多元素混合标准贮备液,用硝酸逐级稀释配成混合标准溶液系列,各单元素质量浓度见表 B.1。

表 B.1 标准系列质量浓度

序 号	元 素	标准系列质量浓度/(mg/L)					
		系列 1	系列 2	系列 3	系列 4	系列 5	系列 6
1	铜	0	0.025 0	0.100	0.250	0.400	0.500
2	锌	0	0.250 0	1.000	2.500	4.000	5.000
3	银	0	0.100 0	0.300	0.500	0.800	1.000

注:依据添加剂溶液中元素质量浓度水平,可适当调整标准系列各元素质量浓度范围。

B.3.3　光谱仪的仪器参考条件

功率：1 500 W；等离子气流量：15 L/min；辅助气流量：1.0 L/min；雾化器气体流量：0.65 L/min；分析泵转速：50 r/min。

优化仪器操作条件，使待测元素的灵敏度等指标达到分析要求，选定测定方法，并为各待测元素选择合适的分析谱线，待测元素推荐分析谱线见表 B.2。

表 B.2　待测元素推荐分析谱线

序　　号	元素名称	元素符号	分析谱线波长/nm
1	铜	Cu	324.75
2	锌	Zn	206.20/213.80
3	银	Ag	328.07

B.4　分析步骤

B.4.1　试样消解

B.4.1.1　微波消解法：称取添加剂粉体 0.2 g～0.4 g(精确至 0.000 1 g)于聚四氟乙烯内罐中，加入 9 mL 浓硝酸和 3 mL 氢氟酸，微波消解程序可按照微波消解仪型号调至最佳条件。

B.4.1.2　消解完毕，待消解罐冷却后打开，消化液应是澄清透明的溶液，用少量硝酸溶液(1%)冲洗内罐 3 次，将溶液转移至 25 mL 或 50 mL 容量瓶中，并用硝酸溶液(1%)定容至刻度，混匀备用；同时，进行试剂空白试验。微波消解仪的条件设定参考条件见表 B.3。

表 B.3　微波消解仪条件设定参考条件

步　　骤	控制温度/℃	压力阈值/MPa	保持时间/min
1	120	15	10
2	160	20	5
3	180	30	10
4	200	40	5

B.4.2　标准曲线的制作

将标准系列工作溶液注入电感耦合等离子体发射光谱仪中，测定待测元素分析谱线的强度信号响应值，以待测元素的浓度为横坐标、分析谱线强度响应值为纵坐标，绘制标准曲线。

B.4.3　试样溶液的测定

将空白溶液和试样溶液分别注入电感耦合等离子体发射光谱仪中，测定待测元素分析谱线的强度信号响应值，根据标准曲线计算消化液中待测元素的浓度。

B.5　分析结果的表述

B.5.1　试样中待测元素的含量按以下公式计算：

$$X = \frac{\rho - \rho_0}{m} \times V \times f \qquad \text{(B.1)}$$

式中：

X——试样中待测元素含量，单位为毫克每千克(mg/kg)；

ρ——试样溶液中被测元素质量浓度，单位为毫克每升(mg/L)；

ρ_0——试样空白溶液中被测元素质量浓度，单位为毫克每升(mg/L)；

V——试样消化液定容体积，单位为毫升(mL)；

f——试样稀释倍数；

m——试样称取质量，单位为克(g)。

B.5.2 计算结果保留三位有效数字。在重复性条件下，两次独立测定结果的绝对差值不得超过算术平均值的20%。

B.6 其他

以取样量0.3 g，定容体积至50 mL计算，本方法各元素的检出限和定量限见表B.4。

表B.4 方法检出限及定量限

序 号	元素名称	元素符号	检出限1 /(mg/kg)	检出限2 /(mg/L)	定量限1 /(mg/kg)	定量限2 /(mg/L)
1	铜	Cu	0.50	0.20	1.50	0.60
2	锌	Zn	2.00	0.50	6.00	1.50
3	银	Ag	0.10	0.03	0.30	0.10

附 录 C

（规范性）

抗病毒试验方法

实验室生物安全要求：所有操作在生物安全二级(BSL-2)实验室中进行，操作人员防护、所有使用物品和废弃物按 BSL-2 要求进行。

C.1 范围

本试验方法适用于测定添加剂抗病毒性能。

C.2 试验设备和材料

C.2.1 试验设备

试验设备如下：

a) 高压灭菌锅；

b) 恒温水浴箱；

c) 二氧化碳培养箱；

d) 层流超净工作台；

e) 低温冰箱(－20 ℃，－80 ℃)；

f) 液氮罐；

g) 倒置显微镜；

h) 离心机；

i) 超声破碎仪。

C.2.2 试验试剂与耗材

试验试剂与耗材如下：

a) 移液器、移液管；

b) 细胞培养瓶、6 孔板和 96 孔培养板；

c) 细胞：MDCK 细胞、Huh7 细胞；

d) 试验用毒株：H1N1 甲型流感病毒、HCoV-229E 冠状病毒；

e) 添加剂粉体；

f) 细胞培养所需培养基 DMEM/EMEM、血清、FBS、胰酶、PBS。

C.3 试验过程

C.3.1 宿主细胞的复苏

C.3.1.1 从－20 ℃的冰箱中取 1 管 FBS，提前放到 4 ℃的冰箱中慢慢化开。

C.3.1.2 将恒温水浴箱打开，设定温度为 37 ℃。

C.3.1.3 将 FBS 和 DMEM/EMEM 放到 37 ℃±1 ℃恒温水浴箱温浴。

C.3.1.4 用 75%酒精清理安全柜台面，将 Flask、15 mL 离心管、50 mL 离心管等耗材放到安全柜里，紫外照射 30 min。

C.3.1.5 将温浴后的 FBS 和 DMEM/EMEM 用 75%酒精消毒外壁后，放入安全柜中。

C.3.1.6 按配方配制细胞培养基，并移取 10 mL 培养基到 15 mL 离心管中，移取 10 mL 培养基到 T75 Flask 中。

C.3.1.7　从液氮罐中取出冻存细胞，立即置于 37 ℃±1 ℃的恒温水浴箱中将冻存细胞化开。

C.3.1.8　用 75%酒精消毒冻存管外壁，放入安全柜中，用移液器将冻存管中的细胞移到含有培养基的 15 mL 离心管中，以 800 rpm 的转速离心 3 min，温度设置为常温。

C.3.1.9　离心后，用移液管小心移除上清，取少许培养基重悬细胞，再移到含有培养基的 T75 Flask 中，轻轻摇动，让细胞充分混匀散开，显微镜下观察细胞。

C.3.1.10　标记好细胞名称、日期、操作者，放入 5% CO_2浓度、37 ℃±1 ℃的培养箱中静置培养。

C.3.1.11　第二天观察细胞状态，隔天换液。

C.3.1.12　待细胞密度达到 80%～90%时，进行传代。

C.3.2　宿主细胞的传代

C.3.2.1　将恒温水浴箱打开，设定温度 37 ℃。

C.3.2.2　将 PBS、0.25%的胰酶和 DMEM/EMEM 放到 37 ℃±1 ℃恒温水浴箱中进行温浴。

C.3.2.3　用 75%酒精清理安全柜台面，将 Flask、15 mL 离心管、5 0mL 离心管等耗材放到安全柜里，用紫外照射 30 min。

C.3.2.4　用移液器移除细胞上清，并用 5 mL 的 PBS 润洗细胞表面，然后吸掉 PBS。

C.3.2.5　用移液器吸取 5 mL 的胰酶轻轻加到细胞培养皿中，让细胞表面均匀地与胰酶接触，然后放到 37 ℃的培养箱中，培养 2 min～3 min。

C.3.2.6　显微镜下观察细胞状态，待 80%的细胞均变圆后，吸掉胰酶。

C.3.2.7　用 10 mL 的新鲜培养基吹吸细胞，让细胞充分混匀散开。

C.3.2.8　细胞按合适的比例传代，标记好细胞名称、日期、操作者，放入 5% CO_2浓度、37 ℃±1 ℃的培养箱中静置培养。

C.3.2.9　表 C.1 给出了本文件所采用的病毒株和宿主细胞。

表 C.1　病毒株和宿主细胞

病毒种类	流感病毒	冠状病毒
病毒株	甲型流感病毒(H1N1)	HCoV - 229E
宿主细胞	MDCK 细胞	Huh7 细胞
培养基	EMEM+10%FBS	DMEM+10%FBS

注 1：病毒株、细胞应从有相应资质的机构获取。

注 2：其他宿主细胞、培养基经验证后也可使用。

C.3.3　病毒悬液的制备

C.3.3.1　准备一块 6 孔板，按 5×10^5/孔的细胞数铺板，培养 8 h～12 h。

C.3.3.2　从－80 ℃冰箱中取出冻存的试验病毒，用 37 ℃±1 ℃水浴融化，用无血清培养基按 10 倍稀释病毒液，然后接种于已经长满单层细胞的细胞孔内，置于 37 ℃±1 ℃温箱中，使与细胞吸附、生长。逐日观察病变，待 3/4 细胞出现病变时，收集病毒和细胞混合液。

C.3.3.3　将收集好的培养液，用超声破碎仪处理，处理参数为：破碎 5 s，间隔 15 s，共 3 min。

C.3.3.4　离心处理破碎后的混合液，处理参数：6 000 rpm、4 ℃、15 min。

C.3.3.5　去除沉淀，上清液即为所需的病毒液。

C.3.3.6　按每管 1.0 mL 分装病毒液；

C.3.3.7　取 1 支病毒液，按病毒滴度测定法测定其病毒滴度。其余冷冻保存于－80 ℃备用。

C.4　检测方法及结果处理

C.4.1　样品处理：将产品按 0.2 g/mL 加入病毒液中，在 35 ℃下保温并震荡 24 h。

C.4.2 宿主细胞准备：准备一块 96 孔板，按 1×10^4/孔的细胞数铺板，培养 8 h～12 h。

C.4.3 将作用后的样品和病毒液离心，处理参数：6 000 rpm、4 ℃、15 min，随后取上清。

C.4.4 用无血清培养基按 10 倍稀释处理后的病毒液，并加到含宿主细胞的 96 孔板中。

C.4.5 在 5% CO_2、37 ℃±1 ℃的培养箱培养 12 h 后，弃掉混合稀释液，用 PBS 洗去未吸附的病毒颗粒。

C.4.6 对照设置：正常细胞对照和病毒对照（100TCID50 病毒液）。每个样品做 3 个复孔。

C.4.7 48 h 后，在倒置显微镜下观察细胞形态 CPE 变化或检测细胞上清培养液红细胞凝集情况，用 Reed－Muench 法，计算病毒半数感染浓度。

C.4.8 设阳性（病毒）对照组平均病毒感染滴度（$TCID_{50}$或者 pfu）为 N_0，试验（消毒）组平均病毒感染滴度（$TCID_{50}$或者 pfu）为 N_x，平均灭活对数值 x_J按下式计算：

$$x_J = \lg N_0 - \lg N_x \qquad (C.1)$$

式中：

x_J——平均灭活对数值；

$\lg N_0$——阳性（病毒）对照组平均病毒感染滴度对数值；

$\lg N_x$——试验（消毒）组平均病毒感染滴度对数值。

C.5 其他

试验报告应注明：试验设备及器材的厂家和货号、试剂的名称、厂家和货号信息、毒株的 ID 号及来源、所用细胞系具体名称、来源及 Cat no.。

ICS 71.060.40
G 11

团 体 标 准

T/SHXCL 0019—2022

印染行业水处理剂用碱液

Alkaline solution for water treatment agent in printing and dyeing industry

2022-06-20 发布　　2022-08-30 实施

上海市新材料协会　发布

前　言

本文件按照 GB/T 1.1—2020《标准化工作导则　第 1 部分：标准化文件的结构和起草规则》的规定起草。

本文件由上海市新材料协会提出。

本文件由上海市新材料协会标准化技术委员会归口。

本文件起草单位：上海恒业微晶材料科技股份有限公司、绍兴市洁泰环保科技有限公司、淄博市淄川凤凰精细化工有限公司、郑州铝城新材料科技有限公司、上海华逊新材料科技有限公司。

本文件起草人：黄诗舒、缪卫飞、马传基、黄新华、孙国安。

印染行业水处理剂用碱液

警示：本产品具有腐蚀性，操作场所应防腐，安装送、排风设备，操作人员应穿耐酸碱服，戴橡胶耐酸碱手套。工作现场配制2%的稀硼酸溶液备用。皮肤接触应立即脱去被污染的衣着，用大量流动清水冲洗至少15 min，或用2%硼酸清洗；眼睛接触应立即提起眼睑，用大量流动清水或生理盐水彻底冲洗至少15 min；如有吸入，应迅速转移到空气新鲜处，必要时，进行输氧；并送医。试验中使用的部分试剂具有毒性或腐蚀性，操作时需小心谨慎，如溅到皮肤上应立即用水冲洗，严重者应立即治疗。

1 范围

本文件规定了印染行业水处理剂用碱液的术语和定义、技术要求、试验方法、检验规则及标志、包装、运输、贮存。

本文件适用于印染行业水处理剂用碱液，用于印染行业工业废水的处理，也可用于其他行业酸性废水的处理。

2 规范性引用文件

下列文件中的内容通过文中的规范性引用而构成本文件必不可少的条款。其中，注日期的引用文件，仅该日期对应的版本适用于本文件；不注日期的引用文件，其最新版本（包括所有的修改单）适用于本文件。

GB 190—2009 危险货物包装标志

GB/T 191—2008 包装储运图示标志

GB 5749—2006 生活饮用水卫生标准

GB/T 6680—2003 液体化工产品采样通则

GB/T 6682—2008 分析实验室用水规格和试验方法

GB/T 8170—2008 数值修约规则与极限数值的表示和判定

HG/T 3696.2—2011 无机化工产品 化学分析用标准溶液、制剂及制品的制备 第2部分：杂质标准溶液的制备

HG/T 3696.3—2011 无机化工产品 化学分析用标准溶液、制剂及制品的制备 第3部分：制剂及制品的制备

HJ 828—2017 水质 化学需氧量的测定 重铬酸盐法

JY/T 0568—2020 电感耦合等离子体质谱分析方法通则

3 术语和定义

下列术语和定义适用于本文件。

3.1

印染行业水处理剂用碱液 alkaline solution for water treatment agent in printing and dyeing industry

以分子筛生产中产生的母液副产品经加工处理后制成，与聚丙烯酰胺等絮凝剂复配制成碱性复合

水处理剂。

4 技术要求

产品技术要求应符合表1规定。

表1 技术要求

项目		要求
外观		无色、透明液体
总碱度/%		15.0±1.0
浊度/NTU		≤20
化学需氧量 COD/(mg/L)		≤50
微量金属元素含量/(mg/L)	汞 Hg	≤0.05
	铬 Cr	≤1.5
	镉 Cd	≤0.1
	砷 As	≤0.5
	铅 Pb	≤1.0
	镍 Ni	≤1.0

5 试验方法

5.1 总体要求

在没有注明其他要求时，本文件所用试剂均指分析纯试剂，所用的水为符合 GB/T 6682—2008 规定的三级水，试验中所用杂质标准溶液应按 HG/T 3696.2—2011 规定制备，制剂及制品应按 HG/T 3696.3—2011 规定制备。

5.2 外观

在自然光线下，于玻璃烧杯中目测观察。

5.3 总碱度

称取 0.5 g 试样于 250 mL 的锥形瓶中，精确至 0.000 1 g，加入去离子水 100 mL，滴加 1%酚酞乙醇指示剂 4 滴，用 0.5 mol/L 的盐酸标准溶液滴定试样溶液至由紫红色变为无色，且 30 s 内不回色即为滴定终点。按式(1)计算总碱度：

$$X=\frac{C\times V\times 0.045\,3}{M}\times 100\% \qquad (1)$$

式中：

X——总碱度，%；

C——盐酸标准溶液的浓度，单位为摩尔每升(mol/L)；

V——消耗盐酸标准溶液的体积，单位为毫升（mL）；

M——试样质量，单位为克（g）；

0.045 3——试样溶液毫摩尔质量，单位为克每毫摩尔（g/mmol）。

注：试样溶液的氢氧化钠与氢氧化钾摩尔比为 2∶1，其中，氢氧化钠的毫摩尔质量为 0.04 g/mmol，氢氧化钾的毫摩尔质量为 0.056 g/mmol，得出试样溶液的毫摩尔质量为 0.045 3 g/mmol。

5.4 浊度

按 GB 5749—2006 的规定进行测定。

5.5 化学需氧量

按 HJ 828—2017 的规定进行测定。

5.6 微量金属元素含量

按 JY/T 0568—2020 的规定进行测定。

6 检验规则

6.1 检验分类

检验为出厂检验。

6.2 出厂检验

6.2.1 检验项目

出厂检验为每批检验一次，检验项目：外观、总碱度和浊度。

6.2.2 组批

检验以批为单位，以相同材料、相同的生产条件、连续生产或同一班组生产的产品为一批，每批产品不超过 60 吨。

6.2.3 判定与复验规则

按照 GB/T 8170—2008 规定的修约值比较法判定检验结果是否符合本文件。检验结果如果有指标不符合本文件要求，应重新双倍取样复验，复验结果有任何一项指标不符合本文件要求时，则整批产品视为不合格。

6.3 型式检验

型式检验为按表 1 规定的全项目检验。正常生产时，每年进行一次；有下列情况之一时，应进行型式检验：

a）新产品或老产品转产生产的试制定型鉴定；

b）正式生产后，如配方、原料、工艺改变，可能影响产品性能时；

c）产品停产一年以上，恢复生产；

d）出厂检验结果与上次型式检验有较大差异。

6.4 抽样

按 GB/T 6680—2003 规定取样。每次取样总量不少于 500 mL，分装入两个清洁干燥的塑料瓶中，制成两份样本，进行密封，并按要求在容器外部粘贴标签，注明厂名、产品名称、批号、采样日期和采样者姓名。一份用于检验，另一份保存备查，保存时间由生产企业根据实际运行需要确定。

7 标志、包装、运输、贮存

7.1 标志

7.1.1 包装上应有牢固清晰的标志，内容包括：生产厂名、厂址、产品名称、净含量、批号(或生产日期)、本文件编号、GB 190 所规定的“腐蚀性物品”标志和 GB/T 191 所规定的“怕晒”“怕雨”标志。

7.1.2 每批出厂的产品都应附有质量证明书，内容包括：厂名、厂址、产品名称、净含量、批号(或生产日期)、检验报告和本文件编号。

7.2 包装

产品应包装在储槽中。

7.3 运输

产品装运采用专用公路槽车，槽车上口用铁盖盖严、卡牢，保证运输过程中包装完好，无污染、无泄漏。

7.4 贮存

7.4.1 产品贮存在储罐内，避免与酸性物品接触，且远离易燃物。

7.4.2 在符合贮运条件下，自生产之日起，产品保质期 6 个月。

ICS 29.045
H 80

团 体 标 准

T/SHXCL 0021—2024

温差电致冷组件用晶棒

Crystal bar for thermoelectric refrigeration components

2024-06-28 发布   2024-07-30 实施

上海市新材料协会 发布

前　　言

本文件按照 GB/T 1.1—2020《标准化工作导则　第1部分：标准化文件的结构和起草规则》的规定起草。

请注意本文件的某些内容可能涉及专利。本文件的发布机构不承担识别专利的责任。

本文件由上海市新材料协会提出。

本文件由上海市新材料协会标准化技术委员会归口。

本文件起草单位：上海申和投资有限公司、杭州大和热磁电子有限公司、中国科学院上海硅酸盐研究所、浙江先导热电科技股份有限公司、浙江汉恒热电材料科技有限公司。

本文件首批承诺执行单位：上海申和投资有限公司、杭州大和热磁电子有限公司、中国科学院上海硅酸盐研究所、浙江先导热电科技股份有限公司、浙江汉恒热电材料科技有限公司。

本文件起草人：吴燕青、周帅、吴永庆、柏胜强、廖锦城、宋庆峰、唐泽丰、宋君强。

温差电致冷组件用晶棒

1 范围

本文件规定了温差电致冷组件用晶棒的术语和定义、命名和分级、材料、技术要求、试验方法、检验规则、标志、标签及包装、运输和贮存。

本文件适用于以碲化铋为基体材料，采用粉末热挤出法或区熔法制备而成的晶棒。产品主要用于温差电致冷组件。

2 规范性引用文件

下列文件中的内容通过文中的规范性引用而构成本文件必不可少的条款。其中，注日期的引用文件，仅该日期对应的版本适用于本文件；不注日期的引用文件，其最新版本(包括所有的修改单)适用于本文件。

GB/T 191—2008　包装储运图示标志

GB/T 915—2010　铋

GB/T 2829—2002　周期检验计数抽样程序及表(适用于对过程稳定性的检验)

GB/T 4472—2011　化工产品密度和相对密度的测定

GB/T 6388—1986　运输包装收发标志

GB/T 7314—2017　金属材料　室温压缩试验方法

GB/T 22588—2008　闪光法测量热扩散系数或导热系数

SJ 2855—1988　温差电致冷名词术语、型号命名及其性能测试方法

SJ 2857.2—1988　温差电致冷材料性能的测试方法 电导率测试方法

SJ 2857.3—1988　温差电致冷材料性能的测试方法 温差电动势率测试方法

YS/T 222—2010　碲锭

YS/T 674—2008　4N 锑

YS/T 816—2012　高纯硒

3 术语和定义

SJ 2855—1988 界定的以及下列术语和定义适用于本文件。

3.1

粉末热挤出法　powder hot extrusion method

一种结合粉末冶金和热挤出成形工艺，在热和机械力的共同作用下将粉末或者毛坯挤出成型的加工方法。

3.2

区熔法　zone melting method

一种制备晶体和提纯晶体的方法，熔区从锭的一端通过整个锭料至另一端。

［来源：SJ 2855—1988，3.19］

3.3

再生原料　recycled raw materials

前次制备过程中产生的废弃材料或者剩余材料。

3.4

掺杂剂　dopant

少量添加到碲化铋基体中，用于调节导电类型、载流子浓度、迁移率或晶格热导率等的元素或化合物。

3.5

晶棒　crystal bar

由 Te、Bi、Sb、Se 和掺杂剂按一定化学计量比组成的材料，经粉末热挤出法或区熔法加工成棒状的热电材料。

4　命名和分级

4.1　命名

温差电致冷组件用晶棒型号如下：

X X X / X X / X X

- 等级：不添加再生料为A，添加再生料为B
- 组分：准二元为2，准三元为3
- 晶棒的标称直径或等效截面直径/mm
- 类别：分为N型和P型
- 晶棒代号：ZM为区熔法生产的晶棒，EX为粉末热挤出法生产的晶棒

示例：EXN/28/2A 表示粉末热挤出法生产的晶棒，类别为 N 型，标称直径为 ϕ28 mm，组分为二元组成，且不含再生料。

4.2　等级

4.2.1　A 级品

采用半导体元素材料按规定的化学计量比配制而成，符合本文件规定的电、热物理性能和机械性能要求的，为 A 级品。

4.2.2　B 级品

添加了再生原料，使之符合本文件规定的电、热物理性能和机械性能要求的，为 B 级品。

5　材料

5.1　成分

温差电致冷组件用晶棒主要原材料有碲、锑、铋、硒和掺杂剂。

5.2　原料

5.2.1　碲

所选原材料碲的纯度不低于 99.99%，其他要求应符合 YS/T 222 的规定。

5.2.2 锑

所选原材料锑的纯度不低于99.99%,其他要求应符合YS/T 674的规定。

5.2.3 铋

所选原材料铋的纯度为99.99%,其他要求应符合GB/T 915的规定。

5.2.4 硒

所选原材料硒的牌号为纯度不低于99.999%的高纯硒，其他要求应符合YS/T 816的规定。

6 技术要求

6.1 外观

晶棒表面无明显裂纹、缺损,无明显杂质。表面应无下列裂纹:

a) 裂纹走向与晶棒轴线近似垂直的裂纹;

b) 由机械损伤造成的裂缝。

6.2 尺寸

晶棒尺寸可由供需双方商定,其径向尺寸偏差不大于所商定规格尺寸的4%。

6.3 技术要求

晶棒的技术要求应符合表1和表2的规定。

表1 晶棒的技术要求(粉末热挤出法工艺)

序号	项 目	技术要求	
		P 型	N 型
1	电阻率 ρ/(Ω·m)	$0.80\times10^{-5}\sim1.20\times10^{-5}$	$0.80\times10^{-5}\sim1.20\times10^{-5}$
2	温差电动势 α/(V/K)	$\geqslant190\times10^{-6}$	$\geqslant190\times10^{-6}$
3	功率因子 PF/[W/(K^2·m)]	$\geqslant4.30\times10^{-3}$(A级品) $\geqslant3.90\times10^{-3}$(B级品)	$\geqslant3.90\times10^{-3}$(A级品) $\geqslant3.70\times10^{-3}$(B级品)
4	热导率 κ/[W/(m·K)]	≤1.47(A级品) ≤1.50(B级品)	≤1.55(A级品) ≤1.60(B级品)
5	品质因数 Z/K^{-1}	$\geqslant3.15\times10^{-3}$(A级品) $\geqslant2.95\times10^{-3}$(B级品)	$\geqslant2.90\times10^{-3}$(A级品) $\geqslant2.80\times10^{-3}$(B级品)
6	抗压强度 R/MPa	≥155	≥195
7	密度 d/(g/cm^3)	6.2~6.8	7.2~7.8

表2 晶棒的技术要求(区熔法工艺)

序号	项 目	技术要求	
		P 型	N 型
1	电阻率 ρ/(Ω·m)	$0.80\times10^{-5}\sim1.20\times10^{-5}$	$0.80\times10^{-5}\sim1.20\times10^{-5}$
2	温差电动势 α/(V/K)	$\geqslant190\times10^{-6}$	$\geqslant190\times10^{-6}$

续　表

序号	项　　目	技术要求	
		P　型	N　型
3	功率因子 PF/[W/(K^2·m)]	≥4.50×10^{-3}(A 级品) ≥4.20×10^{-3}(B 级品)	≥4.30×10^{-3}(A 级品) ≥4.00×10^{-3}(B 级品)
4	热导率 κ/[W/(m·K)]	≤1.53(A 级品) ≤1.53(B 级品)	≤1.58(A 级品) ≤1.62(B 级品)
5	品质因数 Z/K^{-1}	≥3.00×10^{-3}(A 级品) ≥2.85×10^{-3}(B 级品)	≥2.90×10^{-3}(A 级品) ≥2.80×10^{-3}(B 级品)
6	抗压强度 R/MPa	≥35	≥70
7	密度 d/(g/cm^3)	6.4～6.9	7.3～7.9

7　试验方法

7.1　一般规定

晶棒初始测量和最后测量的条件应保持一致，由于温度误差和测量仪器的误差而引起的全部误差不应超过 10%。

除非另有规定，试验应在室温和常压下进行。

7.2　外观

在照度不低于 300 Lux 工作台灯、5 倍的放大灯下目视观察晶棒表面。

7.3　尺寸

外形尺寸：径向尺寸用量程为 0 mm～150 mm，精度为 0.02 mm 的游标卡尺测量。

7.4　电阻率试验

7.4.1　试验条件

试验应在测试区域进行，试验条件应符合如下要求：

——应避免阳光直射且应无明显的空气流动；

——环境温度为 25 ℃±5 ℃。

7.4.2　试验仪器

试验仪器应配置如下：

a）毫伏表；

b）数字源表；

c）多通道数据采集器；

d）数字式游标卡尺：量程 0 mm～150 mm，分辨率 0.02 mm；

e）电阻率测试夹具。

7.4.3　试验原理

电阻率的测量原理见 SJ 2857.2—1988 中第 1 章。

当环境温度偏离规定值(25 ℃)时，可用下式进行修正：

$$\rho = \rho_T \times (1 + 0.052\,4)^{25-T} \tag{1}$$

式中：

ρ_T——电阻率的实测值，单位为欧姆米(Ω·m)；

T——测试环境温度值，单位为摄氏度(℃)。

7.4.4 **试验程序**

测量程序按照 SJ 2857.2—1988 中第 4 章的规定进行。

7.5 温差电动势率试验

7.5.1 **试验条件**

除符合 7.1 条的规定外，还需符合以下要求：

——环境温度：25 ℃±5 ℃；

——冷热端电极温差 ΔT 不大于 10 ℃。

7.5.2 **试验仪器**

试验仪器应配置如下：

a) $4^1/_2$数字直流毫伏表，量程 0 mV～19.999 mV，分辨率 1×10^{-3} mV；

b) 精密数字温度计，显示精度±0.1 ℃；

c) 精密数字温度控制仪，控制精度±0.1 ℃；

d) 温度传感器；

e) 温差电动势率测试夹具。

7.5.3 **试验原理**

温差电动势率的测量原理见 SJ 2857.3—1988 第 1 章原理。

7.5.4 **试验程序**

测量程序按照 SJ2857.3—1988 中第 4 章的规定进行。

7.6 功率因子

根据所测得的温差电动势率和电阻率，经下式计算所到的功率因子值 PF。

$$PF = \frac{\alpha^2}{\rho} \tag{2}$$

式中：

α——温差电动势率，单位为伏每开(V/K)；

ρ——电阻率，单位为欧姆米(Ω·m)。

7.7 热导率试验

按 GB/T 22588—2008 规定进行。

7.8 品质因素

根据所测得的温差电动势率、电阻率、热导率，经下式计算所到的品质因素值 Z。

$$Z = \frac{\alpha^2}{\rho\kappa} \tag{3}$$

式中：

α——温差电动势率，单位为伏每开(V/K)；

ρ——电阻率，单位为欧姆米(Ω·m)；

κ——热导率，单位为瓦每米开[W/(m·K)]。

7.9 抗压强度试验

按 GB/T7314—2017 的规定进行。

7.10 密度试验

按 GB/T 4472—2011 的规定进行。

8 检验规则

8.1 检验分类

晶棒的检验分为出厂检验和型式检验。

8.2 出厂检验

8.2.1 检验项目

检验项目为外观、电阻率、温差电动势率和功率因子。

8.2.2 抽样方案

出厂检验为全项目检验。

8.3 型式检验

8.3.1 检验项目

型式检验为全项目检验。

8.3.2 抽样方案

型式检验按 GB/T 2829—2002 的规定进行，采用判定水平为Ⅱ、样本大小 $n=6$ 的一次抽样方案，不合格质量水平和判定数组按表 3 的规定进行。

表 3 不合格质量水平和判定

检验项目	要求 （本文件）	试验方法 （本文件）	不合格质量 水平 RQL	判定数组	
				A_c	R_e
外观	6.1	7.2	25	0	1
尺寸	6.2	7.3			
电阻率	表 1/表 2	7.4			
温差电动势率	表 1/表 2	7.5			
功率因子	表 1/表 2	7.6			
热导率	表 1/表 2	7.7	50	1	2
品质因数	表 1/表 2	7.8			
抗压强度	表 1/表 2	7.9			
密度	表 1/表 2	7.10			

8.3.3 周期

晶棒型式检验的周期为 24 个月。

当晶棒停止生产一个周期以上又恢复生产，或者晶棒的设计、工艺、原料有重大变动时，必须进行型式检验。只有当型式检验合格后，才能进行正常批量生产和出厂检验。

9 标志、标签

9.1 晶棒上标志

晶棒上的标识应有型号、电阻率及批次号。

9.2 包装包上的标志

包装包上应有标志、标签，内容如下：

a）产品的名称、分类、型号、批次号；

b）制造厂名称；

c）执行标准代号；

d）检验人员姓名或代号。

9.3 包装箱的标志

包装外表面上的收发标志/包装储运图示标志应符合 GB/T 6388—1986 和 GB/T 191—2008 的有关规定。

10 包装、运输、贮存

10.1 包装

10.1.1 最小包装(包装包)

除非另有规定，应以单根晶棒为最小包装单位，每一根晶棒均应附有质量检查表，用塑料袋包装。

10.1.2 运输包装箱

运输时应装入防震周转箱，箱内应有装箱单，内容如下：

a）产品的名称及型号；

b）制造厂名称；

c）箱内包装包数量、重量；

d）包装人员姓名代号；

e）装箱日期。

10.2 运输

装有晶棒的包装箱在运输过程中不得损坏，允许用任何方式运输，但不得与腐蚀性物质混装，运输过程应避免雨、雪直接淋袭和机械冲击。

10.3 贮存

经包装的晶棒应贮存在环境温度为−10 ℃～45 ℃，相对湿度不大于80％，无酸性、碱性或其他有腐蚀性液体、腐蚀性气体存在的空间。

2024

上海市新材料协会团体标准合订本

（第三分册　新能源电池材料）

上海市新材料协会　汇编

華東理工大學出版社
EAST CHINA UNIVERSITY OF SCIENCE AND TECHNOLOGY PRESS
·上海·

图书在版编目（CIP）数据

上海市新材料协会团体标准合订本 / 上海市新材料协会汇编. -- 上海 : 华东理工大学出版社, 2025. 6.
ISBN 978-7-5628-7857-5

Ⅰ. TB3-65

中国国家版本馆 CIP 数据核字第 2025SS7633 号

项目统筹 / 马夫娇　韩　婷
责任编辑 / 韩　婷
责任校对 / 陈婉毓
装帧设计 / 徐　蓉
出版发行 / 华东理工大学出版社有限公司
地址：上海市梅陇路 130 号，200237
电话：021－64250306
网址：www.ecustpress.cn
邮箱：zongbianban@ecustpress.cn
印　　刷 / 上海邦达彩色包装印务有限公司
开　　本 / 890 mm×1240 mm　1/16
印　　张 / 18.25
字　　数 / 539 千字
版　　次 / 2025 年 6 月第 1 版
印　　次 / 2025 年 6 月第 1 次
定　　价 / 298.00 元(全 4 册)

前　言

上海市新材料协会是经上海市民政局批准，于2000年成立的中国首家以新材料命名的行业协会。会员包括央企、国企、民企、跨国公司、大学、研究院所及第三方机构，专业涵盖金属材料、高分子材料、无机材料、复合材料、材料加工及前沿新材料等领域，是一家跨行业、跨专业和跨地域的上海市级社会组织。

上海市新材料协会以“服务企业、规范行业、发展产业”为宗旨，设有上海市新材料战略咨询专家委员会、上海市新材料知识产权维权援助工作站、上海市新材料产业高技能人才培养基地、上海新材料产业基金联盟、上海膜材料产业发展联盟、上海新材料产业数字引擎联盟等机构，并建有抗菌防疫新材料、可降解材料及循环利用技术、新材料检测和标准化等全国性的专业委员会，是上海市新材料领域团体标准化试点单位。

上海市新材料协会严格执行国家标准化管理委员会、民政部共同发布的《团体标准管理规定》以及上海市市场监督管理局、上海市民政局发布的《上海市实施〈团体标准管理规定〉办法》，按照开放、公平、透明的原则组织开展团体标准的编制、评审、发布、复审等工作，始终把制定团体标准作为服务新材料产业高质量发展的一项重要工作。通过组织制定新材料各专业细分领域的团体标准，树立新材料行业产品质量标杆，推动企业技术创新和科研成果及时向技术标准转化，推进新材料产业的标准化建设工作。

标准决定质量，标准划分市场，谁制定标准谁就有话语权。团体标准是标准体系的重要组成部分，与国家标准相比，具有制定快、发布快、实施快的特点。团体标准在保障产品质量安全、促进产业转型升级、推动经济提质增效和服务对外贸易等方面发挥着越来越重要的作用。

2018年以来，上海市新材料协会在上海市市场监督管理局和徐汇区市场监督管理局的指导下，在协会理事会的领导下，逐步完善了标准化管理组织机构和管理制度，整合了新材料产业标准化资源，围绕市场需求和新材料产业高质量发展的要求，先后组织编制、审查、发布和实施了26项团体标准。为满足上海市新材料产业企事业单位及上下游产业链相关单位对材料标准的需求，现决定按专业分为四个分册出版发行合订本。

第一分册为先进高分子材料分册，汇集了13项团体标准。

第二分册为先进无机和非金属材料分册，包含5项团体标准。

第三分册为新能源电池材料分册，包含4项团体标准。

第四分册为新材料中试基地管理分册，包含4项团体标准。

上海市新材料协会

2025年1月9日

目　　录

1. T/SHXCL 0013—2022《双氟磺酰亚胺锂/碳酸甲乙酯溶液》…… 1

2. T/SHXCL 0012—2022《二氟磷酸锂》…… 19

3. T/SHXCL 0011—2022《二氟二草酸磷酸锂》…… 27

4. T/SHXCL 0010—2022《1,3,6-己烷三腈》…… 39

ICS 71.060.50
G 12

团 体 标 准

T/SHXCL 0013—2022

双氟磺酰亚胺锂/碳酸甲乙酯溶液

Lithium bis (fluorosulfonyl) imide/ethyl methyl carbonate solution

2022－03－04 发布 2022－04－30 实施

上海市新材料协会 发布

前　　言

本文件按照 GB/T 1.1—2020《标准化工作导则　第 1 部分：标准化文件的结构和起草规则》的规定起草。

本文件由上海市新材料协会提出。

本文件由上海市新材料协会标准化技术委员会归口。

本文件起草单位：上海如鲲新材料股份有限公司、宁德时代新能源科技股份有限公司、张家港市国泰华荣新材料有限公司、珠海赛纬电子材料股份有限公司、如鲲（山东）新材料科技有限公司。

本文件起草人：沈枫锋、姜彬、岳立、毛冲、韩兆萌。

双氟磺酰亚胺锂/碳酸甲乙酯溶液

1 范围

本文件规定了双氟磺酰亚胺锂/碳酸甲乙酯溶液(以下简称双氟磺酰亚胺锂/EMC溶液)的性能要求、试验方法、检验规则及标志、包装、运输、贮存。

本文件适用于双氟磺酰亚胺锂/EMC溶液,可用作电解液添加剂和许多工业应用产品的中间体。

2 规范性引用文件

下列文件中的内容通过文中的规范性引用而构成本文件必不可少的条款。其中,注日期的引用文件,仅该日期对应的版本适用于本文件;不注日期的引用文件,其最新版本(包括所有的修改单)适用于本文件。

GB/T 6680 液体化工产品采样通则

GB/T 6682 分析实验室用水规格和试验方法

GB/T 8170 数值修约规则与极限数值的表示和判定

GB/T 19282—2014 六氟磷酸锂产品分析方法

HG/T 3696.2 无机化工产品 化学分析用标准溶液、制剂及制品的制备 第2部分:杂质标准溶液的制备

HG/T 3696.3 无机化工产品 化学分析用标准溶液、制剂及制品的制备 第3部分:制剂及制品的制备

3 双氟磺酰亚胺锂分子式和相对分子质量

分子式:$LiNS_2O_4F_2$

相对分子质量:187.07(按2014年国际相对原子质量)

4 性能要求

双氟磺酰亚胺锂/EMC溶液性能应符合表1要求。

表1 双氟磺酰亚胺锂/EMC溶液性能

项 目	要 求
外观	无色澄清透明液体
双氟磺酰亚胺锂纯度(以 FSI^- 计)	≥99.90%
双氟磺酰亚胺锂含量	30.0±1.0%
水分	≤20 mg/kg

续 表

项 目		要 求
游离酸(以 HF 计)		≤50 mg/kg
氟离子		≤100 mg/kg
氯离子		≤3.0 mg/kg
硫酸根		≤20 mg/kg
氨基磺酸根		≤500 mg/kg
氟磺酸根		≤500 mg/kg
碳酸甲乙酯纯度		≥99.90%
二氯甲烷		≤20 mg/kg
二氯乙烷		≤20 mg/kg
乙醚		≤20 mg/kg
其他杂质总含量		≤800 mg/kg
微量金属元素含量	钠 Na	≤3.0 mg/kg
	钾 K	≤3.0 mg/kg
	钙 Ca	≤3.0 mg/kg
	铁 Fe	≤3.0 mg/kg
	铬 Cr	≤1.0 mg/kg
	镍 Ni	≤1.0 mg/kg
	铜 Cu	≤1.0 mg/kg
	锌 Zn	≤1.0 mg/kg
	铅 Pb	≤1.0 mg/kg

5 试验方法

警示：双氟磺酰亚胺锂/EMC 溶液暴露在潮湿空气中会迅速吸潮，针对双氟磺酰亚胺锂/EMC 溶液的操作须在手套箱(要求露点≤−40 ℃)或通风橱中进行。试验中使用的部分试剂具有毒性或腐蚀性，操作时需小心谨慎，如溅到皮肤上应立即用水冲洗，严重者应立即治疗。

5.1 总体要求

本文件所用试剂与水，在没有注明其他要求时，均指分析纯试剂和 GB/T 6682 规定的三级水。试验中所用杂质标准溶液、制剂及制品，在未注明其他要求时，均按 HG/T 3696.2、HG/T 3696.3 的规定制备。

5.2 外观

将 50 mL 样品加入 50 mL 具塞比色管中，室温，在日光灯或日光下轴向目测观察。

5.3 双氟磺酰亚胺锂纯度

按附录 A 的规定进行测定。

5.4 双氟磺酰亚胺锂含量

按附录 B 的规定进行测定。

5.5 水分

按 GB/T 19282—2014 中 3.7 的规定进行测定。

5.6 游离酸

按附录 C 的规定进行测定。

5.7 氟离子、氯离子、硫酸根、氨基磺酸根和氟磺酸根

按附录 D 的规定进行测定。

5.8 碳酸甲乙酯纯度

按附录 E 的规定进行测定。

5.9 二氯甲烷、二氯乙烷、乙醚和其他杂质总含量

按附录 F 的规定进行测定。

5.10 微量金属元素含量

按 GB/T 19282—2014 中 3.3 的规定进行测定。

6 检验规则

6.1 检验分类

检验为出厂检验。

6.2 出厂检验

出厂检验每批检验一次，检验项目为全项目检验。

6.3 组批

检验以批为单位，以相同材料、相同的生产条件、连续生产或同一班组生产的产品为一批，每批产品不超过 10 吨。

6.4 抽样

按照 GB/T 6680 的规定从包装桶内取样。将采取的样品混匀，分装于两个清洁、干燥、具磨口塞的玻璃瓶或塑料瓶中，密封。每瓶样品量不少于 200 mL。一瓶用于检验，一瓶做备检。样品瓶上应贴上标签，并注明生产企业名称、产品名称、批号或生产日期、采样日期及采样人姓名等。

6.5 判定与复验规则

按照 GB/T 8170 规定的修约值比较法判定检验结果是否符合本文件。检验结果如果有指标不符

合本文件要求，应重新在两倍量的包装中采样复验，复验结果有任何一项指标不符合本文件要求时，则整批产品视为不合格。

7 标志、包装、运输、贮存

7.1 标志

7.1.1 包装上应有牢固清晰的标志，内容包括：生产厂名、厂址、产品名称、净含量、批号（或生产日期）、本文件编号。

7.1.2 每批出厂的产品都应附有质量证明书，内容包括：厂名、厂址、产品名称、净含量、批号（或生产日期）、检验报告和本文件编号。

7.2 包装

产品应采用干燥的、容量为1吨的电解液桶密封包装。

7.3 运输

产品在运输过程中应有遮盖，防止日晒、雨淋，包装不应破损。

7.4 贮存

7.4.1 产品应贮存在阴凉、干燥、通风的库房内，防止日晒、雨淋。

7.4.2 在符合贮运条件下，自生产之日起，产品保质期1年。

附　录　A

（规范性）

双氟磺酰亚胺锂纯度测试方法

A.1　方法提要

采用离子色谱法，在选定的色谱工作条件下，试样经离子色谱柱，使其中的各阴离子组分分离，通过电导检测器检测，得到各阴离子的峰面积，采用面积归一化法得到双氟磺酰亚胺根（FSI^-）的纯度。

A.2　试剂

A.2.1　碳酸钠、碳酸氢钠：优级纯。

A.2.2　乙腈：HPLC 色谱级。

A.3　仪器与器皿

A.3.1　离子色谱仪：具有耐氟化物腐蚀的分析系统，带外接水装置。

A.3.2　检测器：电导检测器，若能确认有同样功能的其他检测器也可以使用。

A.3.3　色谱柱：色谱柱及典型操作条件见表 A.1，其他能达到同等分离效果的色谱柱及操作条件均可使用。

表 A.1　色谱柱及典型操作条件

项　目	要　求
色谱柱	Dionex IonPax AS22（4 m×250 mm），Dionex Ion Pax AG22（4 m×50 mm）
抑制器	连续自动电解再生膜阴离子抑制器或等效抑制装置，外接水模式
检测器	电导检测器，检测池温度 35 ℃
进样体积	25 μL
流动相流速	0.8 mL/min
流动相	碳酸钠/碳酸氢钠/乙腈/水

A.3.4　电子天平：精度 0.1 mg、0.01 mg。

A.3.5　注射器：1 mL。

A.3.6　容量瓶：50 mL、100 mL、1 L。

A.3.7　水相滤膜：50 mm×0.45 μm。

A.4　试验步骤

A.4.1　流动相的配制

称量 0.381 6 g 碳酸钠、1.008 0 g 碳酸氢钠，精确至 0.000 1 g，置于 1 L 容量瓶中，加入 700 mL 纯水，超声至溶液清澈，水相滤膜过滤后，再加入 300 mL 乙腈，超声混匀。

A.4.2　试样溶液的制备

称量 3 g 试样，精确至 0.000 1 g，置于 100 mL 容量瓶中，用纯水稀释，定容至刻度，混匀。

A.4.3 **测定**

根据仪器操作规程，按表 A.1 所示的操作条件设置参数，待仪器稳定后，依次测定空白溶液（纯水）、试样溶液，记录试样中双氟磺酰亚胺根（FSI^-）和各杂质阴离子的峰面积。

A.5 结果处理

试样中双氟磺酰亚胺根（FSI^-）纯度 w 按式（A.1）计算：

$$w = \frac{A \times f}{\sum (A_i \times f_i)} \times 100 \qquad \text{（A.1）}$$

式中：

w——双氟磺酰亚胺根（FSI^-）纯度，%；

A——双氟磺酰亚胺根（FSI^-）的峰面积，无量纲单位；

f——双氟磺酰亚胺根（FSI^-）的相对质量校正因子，设为 1.000；

A_i——各组分阴离子的峰面积，无量纲单位；

f_i——各组分阴离子的相对质量校正因子，设为 1.000。

附 录 B

（规范性）

双氟磺酰亚胺锂含量测试方法

B.1 方法提要

U形振荡管原理，将样品注入U形硼硅酸盐玻璃管中，U形管受到电子激发以特征频率开始振荡，特征频率可根据样品的密度而发生改变，通过特征频率的测定，可计算出样品的密度，根据溶液密度和溶质含量的对应关系，计算得到溶质的含量。密度随温度变化而变化，所以样品的温度也必须精确测量。

B.2 试剂

B.2.1 双氟磺酰亚胺锂对照品：含量不低于99.9%。

B.2.2 碳酸甲乙酯（EMC）：电子级。

B.3 仪器与器皿

B.3.1 密度计：密度范围0 g/cm³～3 g/cm³，密度精度0.001 g/cm³，温度范围15 ℃～40 ℃，温度准确度0.3 ℃。

B.3.2 注射器：2 mL。

B.3.3 微孔滤头：0.45 μm。

B.3.4 试剂瓶：100 mL。

B.4 试验步骤

B.4.1 开机

打开仪器后面的打开/关闭开关，仪器自检完成，设置温度为25 ℃，密度单位为g/cm³。

B.4.2 仪器校准

进行水检查，确保仪器的准确性。

B.4.3 标准溶液的配制

分别准确称取24 g、27 g、30 g、33 g、36 g的双氟磺酰亚胺锂标准品，精确至0.000 1 g，分别置于100 mL试剂瓶中，加入碳酸甲乙酯（EMC），稀释到100 g，精确至0.000 1 g，超声至溶液清澈，得到24%、27%、30%、33%、36%的双氟磺酰亚胺锂/EMC溶液标准溶液。

B.4.4 测定

测试前先用待测标准溶液润洗仪器测量池3次，仪器自动将样品恒温到所需温度，自动测定，输出数据，保存数据。以双氟磺酰亚胺锂/EMC溶液标准溶液的浓度为纵坐标，对应的密度为横坐标，得到曲线$Y=AX+B$，曲线线性要求不小于0.995。

待测样品溶液测试同上。

B.4.5 仪器清洗

样品测试完成后，先用乙醇清洗2次，再用超纯水清洗不少于3次，直到清洗超纯水密度与超纯水密度之差小于0.001 g/cm³即可。

B.5 结果处理

试样中双氟磺酰亚胺锂含量ω按式（B.1）计算：

$$\omega = (A \times \rho + B) \times 100\% \quad \cdots\cdots (B.1)$$

式中：

ω——双氟磺酰亚胺锂的含量，%；

ρ——测得试样溶液的密度，单位为 g/cm^3；

A——标准曲线的系数；

B——标准曲线的截距。

附　录　C

（规范性）

游离酸测试方法

C.1　方法提要

使用微量滴定管，以中性红和亚甲基蓝混合试剂为指示剂，用三乙胺标准滴定液滴定试样中的游离酸。

C.2　试剂和材料

C.2.1　三乙胺的 γ-丁内酯滴定溶液：c（三乙胺）≈0.02 mol/L。

C.2.2　指示剂：0.1%溴酚蓝的 γ-丁内酯溶液。

C.3　仪器与器皿

C.3.1　烧杯：聚乙烯或其他耐腐材质。

C.3.2　微量滴定管：分度值为 0.01 mL 或 0.02 mL。

C.3.3　电子天平：精度为 0.1 mg、0.01 mg。

C.4　试验步骤

C.4.1　称取约 30 g 试样，精确至 0.000 1 g，加入 100 mL 烧杯中，加入 5 滴指示液，用三乙胺滴定溶液快速滴定至蓝绿色，即为滴定终点。

C.4.2　同时进行空白试验，空白试验除不加试样外，其他加入试剂的种类和量与试验溶液相同。

C.5　结果处理

游离酸含量以氢氟酸（HF）的质量分数 ω 计，按式（C.1）计算：

$$\omega=\frac{(V-V_0)\times C\times M}{m\times 10^{-3}} \qquad (C.1)$$

式中：

ω——游离酸含量，ppm；

V——滴定试验溶液所消耗的三乙胺标准滴定液的体积，单位为毫升（mL）；

V_0——滴定空白试验溶液所消耗的三乙胺标准滴定液的体积，单位为毫升（mL）；

C——三乙胺标准滴定液的浓度，单位为摩尔每升（mol/L）；

m——试样的质量，单位为克（g）；

M——氢氟酸的摩尔质量，单位为克每摩尔（g/mol）（M=20.006）。

取两次平行测定结果的算术平均值为测定结果。两次平行测定结果的差值不应大于其算术平均值的 10%。

附　录　D

(规范性)

氟离子、氯离子、硫酸根、氨基磺酸根、氟磺酸根测试方法

D.1　方法提要

用离子色谱法，在选定的色谱工作条件下，试样经离子色谱柱，使其中的各组分分离，通过电导检测器检测，采用外标法得到各杂质阴离子的含量。

D.2　试剂

D.2.1　碳酸钠、碳酸氢钠：优级纯。

D.2.2　乙腈：HPLC色谱级。

D.2.3　氟离子标准溶液：标准品，1 000 mg/L。

D.2.4　氯离子标准溶液：标准品，1 000 mg/L。

D.2.5　硫酸根标准溶液：标准品，1 000 mg/L。

D.2.6　氨基磺酸根标准溶液：标准品，1 000 mg/L。

D.2.7　氟磺酸根标准溶液：对照品，1 000 mg/L。

D.3　仪器与器皿

D.3.1　离子色谱仪：具有耐氟化物腐蚀的分析系统，带外接水装置。

D.3.2　检测器：电导检测器，若能确认有同样功能的其他检测器也可以使用。

D.3.3　色谱柱：色谱柱及典型操作条件见表A.1，其他能达到同等分离效果的色谱柱及操作条件均可使用。

D.3.4　电子天平：精度0.1 mg、0.01 mg。

D.3.5　注射器：1 mL。

D.3.6　容量瓶：50 mL、100 mL。

D.3.7　移液枪：5 mL、1 mL、0.2 mL。

D.3.8　水相滤膜：50 mm×0.45 μm。

D.4　试验步骤

D.4.1　流动相的配制

称量0.381 6 g碳酸钠、1.008 0 g碳酸氢钠，精确至0.000 1 g，置于1 L容量瓶中，加入700 mL纯水超声至溶液清澈，水相滤膜过滤后，再加入300 mL乙腈，超声混匀。

D.4.2　标准溶液储备液的配制

分别移取1 mL氟离子标准溶液、1 mL氯离子标准溶液、5 mL硫酸根标准溶液、5 mL氨基磺酸根标准溶液至100 mL容量瓶中，用超纯水定容，配成氟离子、氯离子浓度为10 mg/L，硫酸根浓度为50 mg/L的标准溶液储备液1。

用移液枪移取5 mL氟磺酸根标准溶液至100 mL容量瓶中，用超纯水定容，配成氟磺酸根浓度为50 ppm的标准溶液储备液2。

D.4.3　标准溶液的配制及曲线制作

分别移取0.1 mL、0.2 mL、0.5 mL、1.0 mL、2.0 mL的标准溶液储备液1至100 mL容量瓶中，用超纯水定容，配制成氟离子、氯离子浓度为0.01 mg/L、0.02 mg/L、0.05 mg/L、0.1 mg/L、0.2 mg/L，硫酸根、

氨基磺酸根浓度为 0.05 mg/L、0.1 mg/L、0.25 mg/L、0.5 mg/L、1.0 mg/L 的标准溶液；按表 A.1 所示的操作条件设置参数，待仪器稳定后，依次测定空白(纯水)、标准溶液，记录氟离子、氯离子、硫酸根、氨基磺酸根的峰面积，分别以标准溶液中氟离子、氯离子、硫酸根、氨基磺酸根的峰面积为纵坐标，标准溶液的浓度为横坐标，制作曲线 1，曲线线性要求不小于 0.995。

分别移取 0.2 mL、0.4 mL、1.0 mL、2.0 mL、4.0 mL 的标准溶液储备液 2 至 100 mL 容量瓶，用超纯水定容，配制成氟磺酸根浓度为 0.1 mg/L、0.2 mg/L、0.5 mg/L、1.0 mg/L、2.0 mg/L 的标准溶液；按表 A.1 所示的操作条件设置参数，待仪器稳定后，依次测定空白(纯水)、标准溶液，记录氟磺酸根的峰面积，以标准溶液中氟磺酸根的峰面积为纵坐标，标准溶液的浓度为横坐标，制作曲线 2，曲线线性要求不小于 0.995。

D.4.4 试样溶液的制备

称量 3 g 试样，精确至 0.000 1 g，置于 100 mL 容量瓶中，用纯水定容至刻度，混匀。

D.4.5 测定

根据仪器操作规程，按表 A.1 所示的操作条件设置参数，待仪器稳定后，依次测定空白溶液(纯水)、试样溶液，记录各杂质阴离子的峰面积。通过曲线，查得试样溶液中各阴离子的浓度。

D.5 结果处理

试样中各阴离子的含量 w_i 按式(D.1)计算：

$$w_i = (\rho_i \times V)/m \quad \text{(D.1)}$$

式中：

w_i——试样中各阴离子的含量，单位为毫克每千克(mg/kg)；

ρ_i——从标准曲线查得的阴离子浓度(氟离子或氯离子或硫酸根或氨基磺酸根或氟磺酸根)，单位为毫克每升(mg/L)；

V——试样溶液定容体积，单位为毫升(mL)；

m——试样称样量，单位为克(g)。

取两次平行测定结果的算术平均值为测定结果。两次平行测定结果的绝对差值与算术平均值之比不应大于 20%。

附 录 E

（规范性）

碳酸甲乙酯纯度测试方法

E.1 方法提要

用气相色谱法，在选定的色谱工作条件下，试样经汽化通过毛细管色谱柱，使其中的各组分分离，用火焰离子化检测器（FID）检测，采用面积归一化法得到纯度。

E.2 试剂和材料

E.2.1 碳酸甲乙酯（EMC）：电子级。

E.2.2 氮气：纯度大于 99.995%（体积分数）。

E.2.3 氢气：纯度大于 99.995%（体积分数）。

E.2.4 空气：无油，经硅胶、分子筛充分干燥和净化。

E.3 仪器与器皿

E.3.1 气相色谱仪：配置氢火焰离子化检测器及分流装置。整机灵敏度和稳定性符合 GB/T 9722 中的有关规定。

E.3.2 记录系统：积分仪或色谱工作站。

E.3.3 色谱柱：色谱柱及典型操作条件见表 E.1，其他能达到同等分离效果的色谱柱及操作条件均可使用。

表 E.1 色谱柱及典型操作条件

项 目	要 求
毛细管色谱柱	30 m×0.32 mm×0.25 μm（柱长×柱内径×液膜厚度）
固定相	5%二苯基+1%乙烯基+94%二甲基聚硅氧烷
柱温	初始 50 ℃，保持 5 min，升温速率 20 ℃/min，终温 300 ℃，保持 10 min
汽化室温度	250 ℃
检测器温度	300 ℃
载气流量	1.0 mL/min
氢气流量	40 mL/min
空气流量	400 mL/min
进样体积	1 μL
分流比	100∶1

E.3.4 电子天平：精度 0.1 mg、0.01 mg。

E.3.5 微量注射器：1 μL、10 μL。

E.3.6 试剂瓶：50 mL、100 mL。

E.4 试验步骤

E.4.1 试样溶液的制备

疏水性 PFTE 针式滤器过滤后直接进样。

E.4.2 测定

根据仪器操作规程，按表 E.1 所示的操作条件设置参数，待仪器稳定后，依次测定空白溶液（碳酸甲乙酯）、试样溶液，记录试样中碳酸甲乙酯和各杂质的峰面积。

E.5 结果处理

碳酸甲乙酯（EMC）的纯度 w 按式（E.1）计算：

$$w=\frac{A\times f}{\sum(A_i\times f_i)}\times 100 \qquad \text{(E.1)}$$

式中：

w——碳酸甲乙酯（EMC）的纯度，%；

A——碳酸甲乙酯（EMC）的峰面积，无量纲单位；

f——碳酸甲乙酯（EMC）的相对质量校正因子，设为 1.000；

A_i——各组分的峰面积，无量纲单位；

f_i——各组分的相对质量校正因子，设为 1.000；

取两次平行测定结果的算术平均值为测定结果。两次平行测定结果的绝对差值与算术平均值之比不应大于 20%。

附 录 F

(规范性)

二氯甲烷、二氯乙烷、乙醚和其他杂质总含量测试方法

F.1 方法提要

采用顶空进样法,将待测样品置入密闭容器中,通过加热升温使挥发性组分从样品基体中挥发出来,进行气相色谱分析,从而检验样品中挥发性组分的成分和含量。

F.2 试剂和材料

F.2.1 碳酸丙烯酯(PC):电子级。

F.2.2 二氯甲烷:AR。

F.2.3 二氯乙烷:AR。

F.2.4 乙醚:AR。

F.3 仪器与器皿

F.3.1 顶空进样器:配置氢火焰离子化检测器及分流装置。

F.3.2 气相色谱仪:配置氢火焰离子化检测器及分流装置。整机灵敏度和稳定性符合 GB/T 9722 中的有关规定。

F.3.3 记录系统:积分仪或色谱工作站。

F.3.4 色谱柱:色谱柱及典型操作条件见表 F.1,其他能达到同等分离效果的色谱柱及操作条件均可使用。

表 F.1 色谱柱及典型操作条件

项 目	要 求
顶空瓶加热温度	85 ℃
传输线温度	120 ℃
定量管温度	100 ℃
顶空瓶平衡时间	20 min
顶空瓶加压时间	0.4 min
定量管填充时间	0.2 min
定量管平衡时间	0.1 min
进样量	1 μL
毛细管色谱柱	60 m×0.32 mm×0.25 μm(柱长×柱内径×液膜厚度)
固定相	5%二苯基+1%乙烯基+94%二甲基聚硅氧烷
柱温	初始 35 ℃,保持 5 min,升温速率 5 ℃/min,80 ℃,保持 3 min,升温速率 25 ℃/min,终温 200 ℃,保持 8 min

续 表

项 目	要 求
进样口温度	250 ℃
检测器温度	300 ℃
载气流量	1.0 mL/min
氢气流量	40 mL/min
空气流量	400 mL/min
进样体积	1 μL
分流比	5∶1

F.3.5 电子天平：精度 0.1 mg、0.01 mg。

F.3.6 微量注射器：1 μL、10 μL。

F.3.7 顶空进样瓶：20 mL。

F.4 试验步骤

F.4.1 标准溶液的制备

分别称量 0.2 g 二氯甲烷、0.2 g 二氯乙烷、0.2 g 乙醚，精确至 0.000 1 g，置于 100 mL 容量瓶中，用碳酸丙烯酯(PC)定容，得到 2 000 ppm 的二氯甲烷、二氯乙烷、乙醚的标准溶液储备液。称量 1 g 上述标准溶液储备液，精确至 0.000 1 g，置于 100 mL 容量瓶中，用碳酸丙烯酯(PC)定容，得到 20 ppm 的二氯甲烷、二氯乙烷、乙醚的标准溶液。称量 1 g 上述标准溶液，精确至 0.000 1 g，置于 20 mL 顶空进样瓶中，加 10 mL 碳酸丙烯酯(PC)混匀，使用专用顶空进样瓶密封钳密封。

F.4.2 试样溶液的制备

称量 1 g 试样，精确至 0.000 1 g，置于 20 mL 顶空进样瓶中，加 10 mL 碳酸丙烯酯(PC)混匀，使用专用顶空进样瓶密封钳密封。

F.4.3 测定

根据仪器操作规程，按表 F.1 所示的操作条件设置参数，待仪器稳定后，依次测定空白(碳酸丙烯酯)、标准溶液、空白(碳酸丙烯酯)、试样溶液，记录试样中二氯甲烷、二氯乙烷、乙醚及其他各杂质的峰面积。

F.5 结果处理

F.5.1 样品中二氯甲烷、二氯乙烷、乙醚的含量

样品中二氯甲烷、二氯乙烷、乙醚的含量 X_i 按式(F.1)计算：

$$X_i = \frac{A_i \times C_{si}}{A_{si} \times m} \qquad \text{(F.1)}$$

式中：

X_i——样品中二氯甲烷或二氯乙烷或乙醚含量，单位为毫克每千克(mg/kg)；

A_{si}——20 mg/kg 标准溶液中二氯甲烷或二氯乙烷或乙醚的峰面积，无量纲单位；

C_{si}——20 mg/kg 标准溶液中二氯甲烷或二氯乙烷或乙醚的含量，单位为毫克每千克(mg/kg)；

A_i——样品中二氯甲烷或二氯乙烷或乙醚的峰面积，无量纲单位；

m——试样重量，单位为克(g)。

取两次平行测定结果的算术平均值为测定结果。两次平行测定结果的绝对差值与算术平均值之比不应大于20%。

F.5.2 **样品中其他各杂质含量**

样品中其他各杂质含量 w 按式(F.2)计算：

$$w = \frac{A_{o} \times f_{o}}{\sum (A_{i} \times f_{i})} \times 100 \quad \cdots\cdots (F.2)$$

式中：

w——样品中其他各杂质含量，单位为毫克每千克(mg/kg)；

A_{o}——其他各杂质的峰面积，无量纲单位；

f_{o}——其他各杂质的相对质量校正因子，设为1.000；

A_{i}——各组分的峰面积，无量纲单位；

f_{i}——各组分的相对质量校正因子，设为1.000；

取两次平行测定结果的算术平均值为测定结果。两次平行测定结果的绝对差值与算术平均值之比不应大于20%。

ICS 71.060.50
G 12

团 体 标 准

T/SHXCL 0012—2022

二氟磷酸锂

Lithium difluorophosphate

2022-03-04 发布 2022-04-30 实施

上海市新材料协会 发布

前　言

本文件按照 GB/T 1.1—2020《标准化工作导则　第 1 部分：标准化文件的结构和起草规则》的规定起草。

本文件由上海市新材料协会提出。

本文件由上海市新材料协会标准化技术委员会归口。

本文件起草单位：上海如鲲新材料股份有限公司、宁德时代新能源科技股份有限公司、张家港市国泰华荣新材料有限公司、湖州昆仑亿恩科电池材料有限公司、如鲲(山东)新材料科技有限公司。

本文件起草人：沈枫锋、姜彬、岳立、郭营军、韩兆萌。

二氟磷酸锂

1 范围

本文件规定了二氟磷酸锂的性能要求、试验方法、检验规则及标志、包装、运输、贮存。

本文件适用于二氟磷酸锂，可用作电解液添加剂和许多工业应用产品的中间体。

2 规范性引用文件

下列文件中的内容通过文中的规范性引用而构成本文件必不可少的条款。其中，注日期的引用文件，仅该日期对应的版本适用于本文件；不注日期的引用文件，其最新版本（包括所有的修改单）适用于本文件。

GB/T 6678 化工产品采样总则

GB/T 6682 分析实验室用水规格和试验方法

GB/T 8170 数值修约规则与极限数值的表示和判定

GB/T 19282—2014 六氟磷酸锂产品分析方法

HG/T 3696.2 无机化工产品 化学分析用标准溶液、制剂及制品的制备 第2部分：杂质标准溶液的制备

HG/T 3696.3 无机化工产品 化学分析用标准溶液、制剂及制品的制备 第3部分：制剂及制品的制备

3 分子式和相对分子质量

分子式：$LiPO_2F_2$

相对分子质量：107.91（按2014年国际相对原子质量）

4 性能要求

二氟磷酸锂性能应符合表1的要求。

表1 二氟磷酸锂的性能

项 目	要 求
外观	白色粉末
纯度（以 $PO_2F_2^-$ 计）	≥99.50%
水分	≤200 mg/kg
游离酸（以 HF 计）	≤200 mg/kg

续 表

项　目		要　求
氯离子		≤10 mg/kg
硫酸根		≤50 mg/kg
微量金属元素含量	钠 Na	≤10 mg/kg
	钾 K	≤10 mg/kg
	钙 Ca	≤10 mg/kg
	铁 Fe	≤10 mg/kg
	铬 Cr	≤5 mg/kg
	镍 Ni	≤5 mg/kg
	铜 Cu	≤5 mg/kg
	锌 Zn	≤5 mg/kg
	铅 Pb	≤5 mg/kg

5 试验方法

警示：二氟磷酸锂暴露在潮湿空气中会迅速吸潮，针对二氟磷酸锂的操作须在手套箱（要求露点≤−40 ℃）或通风橱中进行。试验中使用的部分试剂具有毒性或腐蚀性，操作时需小心谨慎，如溅到皮肤上应立即用水冲洗，严重者应立即治疗。

5.1 总体要求

本文件所用试剂与水，在没有注明其他要求时，均指分析纯试剂和 GB/T 6682 规定的三级水。试验中所用杂质标准溶液、制剂及制品，在未注明其他要求时，均按 HG/T 3696.2、HG/T 3696.3 的规定制备。

5.2 外观

固体样品放入聚乙烯自封袋中，在标准灯源箱内目测检查。

5.3 纯度

按附录 A 的规定进行测定。

5.4 水分

按 GB/T 19282—2014 中 3.7 的规定进行测定。

取两次平行测定结果的算术平均值为报告结果，两次平行测定结果的绝对差值与算术平均值之比不应大于 10%。

5.5 游离酸

按 GB/T 19282—2014 中 3.9 的规定进行测定。

取两次平行测定结果的算术平均值为报告结果，两次平行测定结果的绝对差值与算术平均值之比不应大于10%。

5.6 氯离子

按GB/T 19282—2014中3.4和3.5的规定进行测定。

取两次平行测定结果的算术平均值为报告结果,两次平行测定结果的绝对差值与算术平均值之比不应大于20%。

5.7 硫酸根

按GB/T 19282—2014中3.4和3.6的规定进行测定。

取两次平行测定结果的算术平均值为报告结果,两次平行测定结果的绝对差值与算术平均值之比不应大于20%。

5.8 微量金属元素含量

按GB/T 19282—2014中3.3的规定进行测定。

6 检验规则

6.1 检验分类

检验为出厂检验。

6.2 出厂检验

出厂检验每批检验一次,检验项目为全项目检验。

6.3 组批

检验以批为单位,以相同材料、相同的生产条件、连续生产或同一班组生产的产品为一批,每批产品不超过500 kg。

6.4 抽样

按照GB/T 6678的规定确定采样单元数,在洁净环境中,打开包装桶,使用专用的采样器自包装桶的上方斜插入料层深度的3/4处采样。将所采样品混匀,用四分法缩分至不少于500 g。立即将样品分装于两个清洁、干燥的容器中密封,并按要求在容器外部粘贴标签,注明厂名、产品名称、批号、采样日期和采样者姓名。一份用于检验,另一份保存备查。

6.5 判定与复验规则

按照GB/T 8170规定的修约值比较法判定检验结果是否符合本文件。检验结果如果有指标不符合本文件要求,应重新在两倍量的包装中采样复验,复验结果有任何一项指标不符合本文件要求时,则整批产品视为不合格。

7 标志、包装、运输、贮存

7.1 标志

7.1.1 包装上应有牢固清晰的标志,内容包括:生产厂名、厂址、产品名称、净含量、批号(或生产日期)、本文件编号。

7.1.2 每批出厂的产品都应附有质量证明书，内容包括：厂名、厂址、产品名称、净含量、批号（或生产日期）、检验报告和本文件编号。

7.2 包装

产品应采用容量为 4 L、干燥的高密度聚乙烯（HDPE）材质桶密封包装，外包装采用铝箔袋抽真空密封。

7.3 运输

产品在运输过程中应有遮盖，防止日晒、雨淋，包装不应破损。

7.4 贮存

7.4.1 产品应贮存在阴凉、干燥、通风的库房内，防止日晒、雨淋。

7.4.2 在符合贮运条件下，自生产之日起，产品保质期 6 个月。

附　录　A

（规范性）

纯度测试方法

A.1　方法提要

用离子色谱法，在选定的色谱工作条件下，试样经离子色谱柱，使其中的各组分分离，通过电导检测器检测，得到各阴离子的峰面积，采用面积归一化法得到二氟磷酸根（$PO_2F_2^-$）的纯度。

A.2　试剂

碳酸钠、碳酸氢钠：优级纯。

A.3　仪器与器皿

A.3.1　离子色谱仪：具有耐氟化物腐蚀的分析系统。

A.3.2　检测器：电导检测器，若能确认有同样功能的其他检测器也可以使用。

A.3.3　色谱柱：色谱柱及典型操作条件见表 A.1，其他能达到同等分离效果的色谱柱及操作条件均可使用。

表 A.1　色谱柱及典型操作条件

项　　目	要　　求
色谱柱	Dionex IonPax AS22(4 m×250 mm)，Dionex Ion Pax AG22(4 m×50 mm)
抑制器	连续自动电解再生膜阴离子抑制器或等效抑制装置
检测器	电导检测器，检测池温度 35 ℃
进样体积	25 μL
流动相流速	1.0 mL/min
流动相	碳酸钠/碳酸氢钠水溶液

A.3.4　电子天平：精度 0.1 mg、0.01 mg。

A.3.5　注射器：1 mL。

A.3.6　容量瓶：50 mL、100 mL。

A.3.7　水相滤膜：50 mm×0.45 μm。

A.4　试验步骤

A.4.1　流动相的配制

称量 0.254 4 g 碳酸钠、0.756 0 g 碳酸氢钠，精确至 0.000 1 g，置于 1 L 容量瓶中，加入纯水定容，超声至溶液清澈，水相滤膜过滤。

A.4.2　试样溶液的制备

称量 0.1 g 试样，精确至 0.000 1 g，置于 100 mL 容量瓶中，用纯水稀释，定容至刻度，混匀。

A.4.3 **测定**

根据仪器操作规程，按表 A.1 所示的操作条件设置参数，待仪器稳定后，依次测定空白(纯水)、试样溶液，记录试样中二氟磷酸根($PO_2F_2^-$)和各杂质阴离子的峰面积。

A.5 结果处理

二氟磷酸根($PO_2F_2^-$)纯度 w 按式(A.1)计算：

$$w = \frac{A \times f}{\sum (A_i \times f_i)} \times 100 \qquad \text{(A.1)}$$

式中：

w——二氟磷酸根的纯度，%；

A——二氟磷酸根的峰面积，无量纲单位；

f——二氟磷酸根的相对质量校正因子，设为 1.000；

A_i——各组分阴离子的峰面积，无量纲单位；

f_i——各组分阴离子的相对质量校正因子，设为 1.000。

ICS 71.060.50
G 12

团 体 标 准

T/SHXCL 0011—2022

二氟二草酸磷酸锂

Lithium difluorobis (oxalate) phosphate

2022-03-04 发布 2022-04-30 实施

上海市新材料协会 发布

前　言

本文件按照 GB/T 1.1—2020《标准化工作导则　第 1 部分：标准化文件的结构和起草规则》的规定起草。

本文件由上海市新材料协会提出。

本文件由上海市新材料协会标准化技术委员会归口。

本文件起草单位：上海如鲲新材料股份有限公司、宁德时代新能源科技股份有限公司、张家港市国泰华荣新材料有限公司、天津金牛电源材料有限责任公司、如鲲（山东）新材料科技有限公司。

本文件起草人：沈枫锋、姜彬、岳立、孙新华、韩兆萌。

二氟二草酸磷酸锂

1 范围

本文件规定了二氟二草酸磷酸锂的性能要求、试验方法、检验规则及标志、包装、运输、贮存。

本文件适用于二氟二草酸磷酸锂，用作电解液添加剂和许多工业应用产品的中间体。

2 规范性引用文件

下列文件中的内容通过文中的规范性引用而构成本文件必不可少的条款。其中，注日期的引用文件，仅该日期对应的版本适用于本文件；不注日期的引用文件，其最新版本（包括所有的修改单）适用于本文件。

GB/T 6678 化工产品采样总则

GB/T 6682 分析实验室用水规格和试验方法

GB/T 8170 数值修约规则与极限数值的表示和判定

GB/T 19282—2014 六氟磷酸锂产品分析方法

HG/T 3696.2 无机化工产品 化学分析用标准溶液、制剂及制品的制备 第2部分：杂质标准溶液的制备

HG/T 3696.3 无机化工产品 化学分析用标准溶液、制剂及制品的制备 第3部分：制剂及制品的制备

3 分子式和相对分子质量

分子式：$LiPC_4O_8F_2$

相对分子质量：251.95（按2014年国际相对原子质量）

4 性能要求

二氟二草酸磷酸锂的性能应符合表1的要求。

表1 二氟二草酸磷酸锂的性能

项　目	要　求
外观	白色粉末
纯度	≥98.0%
水分	≤200 mg/kg
游离酸（以HF计）	≤1 000 mg/kg
氯离子	≤10 mg/kg

续　表

项　　目		要　　求
硫酸根		≤20 mg/kg
浊度(3%碳酸甲乙酯)		≤10 NTU
微量金属元素含量	钠 Na	≤10 mg/kg
	钾 K	≤10 mg/kg
	钙 Ca	≤10 mg/kg
	铁 Fe	≤5 mg/kg
	铬 Cr	≤5 mg/kg
	镍 Ni	≤5 mg/kg
	铜 Cu	≤5 mg/kg
	锌 Zn	≤5 mg/kg
	铅 Pb	≤5 mg/kg

5　试验方法

警示：二氟二草酸磷酸锂暴露在潮湿空气中会迅速吸潮，针对二氟二草酸磷酸锂的操作须在手套箱(要求露点≤−40 ℃)或通风橱中进行。试验中使用的部分试剂具有毒性或腐蚀性，操作时需小心谨慎，如溅到皮肤上应立即用水冲洗，严重者应立即治疗。

5.1　总体要求

本文件所用试剂与水，在没有注明其他要求时，均指分析纯试剂和 GB/T 6682 规定的三级水。试验中所用杂质标准溶液、制剂及制品，在未注明其他要求时，均按 HG/T 3696.2、HG/T 3696.3 的规定制备。

5.2　外观

固体样品放入聚乙烯自封袋中，在标准灯源箱内目测检查。

5.3　纯度

按附录 A 的规定进行测定。

5.4　水分

按 GB/T 19282—2014 中 3.7 的规定进行测定。

取两次平行测定结果的算术平均值为报告结果，两次平行测定结果的绝对差值与算术平均值之比不应大于 10%。

5.5　游离酸

按附录 B 的规定进行测定。

5.6　氯离子

按 GB/T 19282—2014 中 3.4 和 3.5 的规定进行测定。

取两次平行测定结果的算术平均值为报告结果，两次平行测定结果的绝对差值与算术平均值之比不应大于20%。

5.7 硫酸根

按GB/T 19282—2014中3.4和3.6的规定进行测定。

取两次平行测定结果的算术平均值为报告结果，两次平行测定结果的绝对差值与算术平均值之比不应大于20%。

5.8 浊度

按附录C的规定进行测定。

5.9 微量金属元素含量

按GB/T 19282—2014中3.3的规定进行测定。

6 检验规则

6.1 检验分类

检验为出厂检验。

6.2 出厂检验

出厂检验每批检验一次，检验项目为全项目检验。

6.3 组批

检验以批为单位，以相同材料、相同的生产条件、连续生产或同一班组生产的产品为一批，每批产品不超过500 kg。

6.4 抽样

按照GB/T 6678的规定确定采样单元数，在露点≤－40 ℃洁净环境中，打开包装桶，使用专用的采样器自包装桶的上方斜插入料层深度的3/4处采样。将所采样品混匀，用四分法缩分至不少于500 g。立即将样品分装于两个清洁、干燥的容器中密封，并按要求在容器外部粘贴标签，注明厂名、产品名称、批号、采样日期和采样者姓名。一份用于检验，另一份保存备查。

6.5 判定与复验规则

按照GB/T 8170规定的修约值比较法判定检验结果是否符合本文件。检验结果如果有指标不符合本文件要求，应重新在两倍量的包装中采样复验，复验结果有任何一项指标不符合本文件要求时，则整批产品视为不合格。

7 标志、包装、运输、贮存

7.1 标志

7.1.1 包装上应有牢固清晰的标志，内容包括：生产厂名、厂址、产品名称、净含量、批号(或生产日期)、本文件编号。

7.1.2 每批出厂的产品都应附有质量证明书，内容包括：生产厂名、厂址、产品名称、净含量、批号(或生产日期)、检验报告和本文件编号。

7.2 包装

产品应采用容量为4 L、干燥的高密度聚乙烯(HDPE)材质桶密封包装,外包装采用铝箔袋抽真空密封。

7.3 运输

产品在运输过程中应有遮盖,防止日晒、雨淋,包装不应破损。

7.4 贮存

7.4.1 产品应贮存在阴凉、干燥、通风的库房内,防止日晒、雨淋。

7.4.2 在符合贮运条件下,自生产之日起,产品保质期6个月。

附 录 A

（规范性）

纯度测试方法

A.1 方法提要

用^{19}F NMR（核磁共振）法，计算样品纯度。

A.2 仪器与器皿

A.2.1 核磁共振仪：可测^{19}F NMR。

A.2.2 核磁管：外径 5 mm，长 7 英寸。

A.2.3 电子天平：精度 0.1 mg、0.01 mg。

A.3 试剂

氘代二甲基亚砜（DMSO），标准试剂纯度不低于 99.8%（质量分数）。

A.4 试验步骤

A.4.1 试样溶液的制备

称量 10 mg～20 mg 试样，精确至 0.1 mg，置于核磁管中，加入 0.6 mL 氘代 DMSO，使其完全溶解，溶液澄清。

A.4.2 测定

根据仪器操作规程，设置相应参数，待仪器稳定后，进行测定。样品典型图谱见图 A.1。

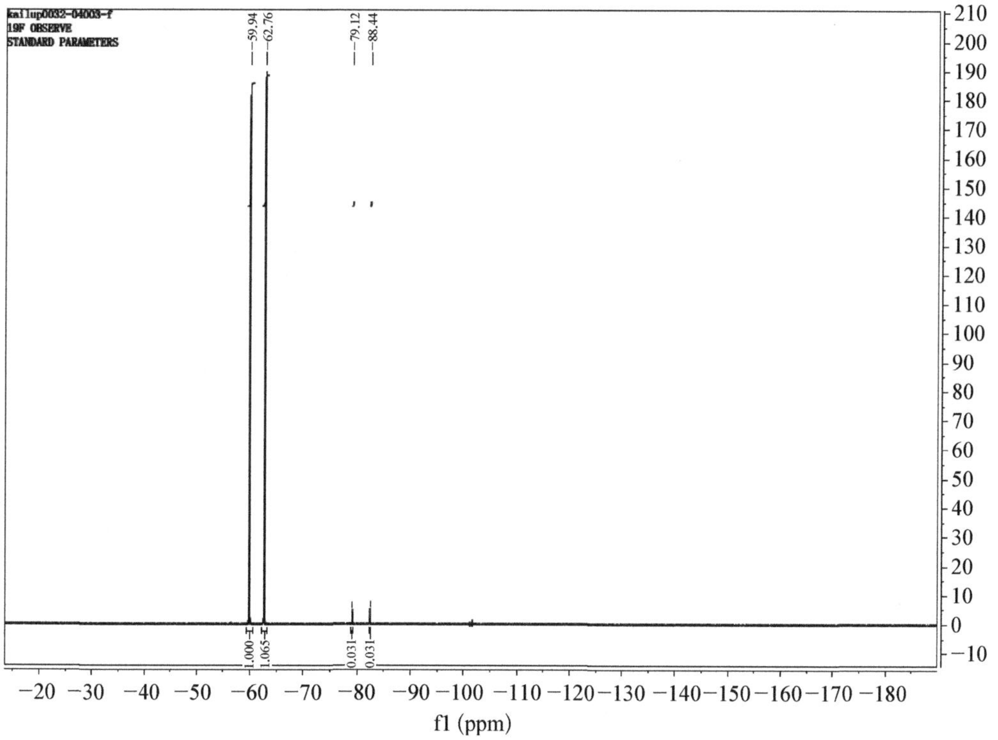

注： 图中杂质峰为二氟二草酸磷酸锂中氟的峰。

图 A.1 样品典型图谱

A.5 结果处理

试样中二氟二草酸磷酸锂的纯度 w 按式(A.1)计算：

$$w = \frac{A \times M}{\sum (A_i \times M_i)} \times 100 \quad \cdots\cdots (A.1)$$

式中：

w——二氟二草酸磷酸锂纯度，%；

A——二氟二草酸磷酸锂中氟的峰面积，无量纲单位；

M——二氟二草酸磷酸锂的摩尔质量，单位为克每摩尔(g/mol)；

A_i——各组分氟的峰面积，无量纲单位；

M_i——各组分的摩尔质量，单位为克每摩尔(g/mol)。

附 录 B

(规范性)

游离酸测试方法

B.1 方法提要

使用微量滴定管,以中性红和亚甲基蓝混合试剂为指示剂,用三乙胺标准滴定液滴定试样中的游离酸。

B.2 试剂和材料

B.2.1 三乙胺的 γ-丁内酯滴定溶液:c(三乙胺)≈0.02 mol/L。
B.2.2 指示剂:(中性红:亚甲基蓝=2∶1)的 0.1%γ-丁内酯溶液。
B.2.3 碳酸丙烯酯(PC):水分小于 100 ppm。

B.3 仪器与器皿

B.3.1 烧杯:聚乙烯或其他耐腐材质。
B.3.2 微量滴定管:分度值为 0.01 mL 或 0.02 mL 。
B.3.3 电子天平:精度 0.1 mg、0.01 mg。

B.4 试验步骤

B.4.1 称取约 5 g 试样,精确至 0.000 1 g,加入 100 mL 烧杯中,加入 30 mL 碳酸丙烯酯(PC),样品溶解后加入 5 滴指示液,用三乙胺滴定溶液快速滴定至蓝绿色,即为滴定终点。
B.4.2 同时进行空白试验,空白试验除不加试样外,其他加入试剂的种类和量与试验溶液相同。

B.5 结果处理

游离酸含量以氢氟酸(HF)的质量分数 ω 计,按式(B.1)计算:

$$\omega=\frac{(V-V_0)\times C\times M}{m\times 10^{-3}} \qquad (B.1)$$

式中:
ω——游离酸含量,ppm;
V——滴定试验溶液所消耗的三乙胺标准滴定液的体积,单位为毫升(mL);
V_0——滴定空白试验溶液所消耗的三乙胺标准滴定液的体积,单位为毫升(mL);
C——三乙胺标准滴定液的浓度,单位为摩尔每升(mol/L);
m——试样的质量,单位为克(g);
M——氢氟酸的摩尔质量,单位为克每摩尔(g/mol)(M=20.006)。

取两次平行测定结果的算术平均值为报告结果,两次平行测定结果的绝对差值与算术平均值之比不应大于 10%。

附 录 C

(规范性)

浊度测试方法

C.1 方法提要

用比浊法，在选定的波长(680 nm)条件下，通过紫外-可见分光光度计测其吸光度，与标准样品的吸光度比较，计算出其浊度。

C.2 仪器与器皿

C.2.1 紫外-可见分光光度计：波长范围 190 nm～1 100 nm。

C.2.2 电子天平：精度 0.1 mg、0.01 mg。

C.2.3 容量瓶：50 mL、100 mL。

C.2.4 移液枪：1 mL、5 mL。

C.3 试剂

C.3.1 标准试剂：浊度标准溶液(400 NTU)。

C.3.2 碳酸甲乙酯(EMC)：电子级。

C.4 试验步骤

C.4.1 标准曲线的建立

按照表 C.1 的规定用移液枪分别移取 400 NTU 浊度标准溶液于一组 100 mL 容量瓶中，用纯水稀释至刻度，摇匀，用 10 mm 比色皿，以纯水为参比，在波长 680 nm 处测其吸光度，以浊度为横坐标，对应吸光度为纵坐标，制作曲线，R^2 要求不小于 0.995。

表 C.1 浊度标准溶液配制

浊度标准溶液体积/mL	0	0.25	0.5	1	1.5	2	2.5
相当水样浊度/NTU	0	1	2	4	6	8	10

C.4.2 样品溶液配制

配制 3%的碳酸甲乙酯(EMC)溶液：称取 3 g 试样，精确至 0.000 1 g，加入 100 g 碳酸甲乙酯(EMC)，溶清。

C.4.3 测定

根据仪器操作规程，设置相应参数，波长 680 nm，待仪器稳定后，进行测定，用碳酸甲乙酯(EMC)做参比，记录吸光度 A。

C.5 结果处理

3%碳酸甲乙酯(EMC)溶液的浊度 W 按式(C.1)计算：

$$W = (A - b)/a \qquad \text{(C.1)}$$

式中：

W——3％碳酸甲乙酯(EMC)溶液的浊度，单位为 NTU；

A——试样溶液的吸光度，无量纲单位；

b——标准曲线方程的截距，无量纲单位；

a——标准曲线方程的斜率，无量纲单位。

取两次平行测定结果的算术平均值为测定结果。两次平行测定结果的绝对差值与算术平均值之比不应大于 20％。

ICS 71.080.30
G 17

团 体 标 准

T/SHXCL 0010—2022

1,3,6-己烷三腈

1,3,6-Hexanetricarbonitrile

2022-03-04 发布 2022-04-30 实施

上海市新材料协会 发布

前　言

本文件按照 GB/T 1.1—2020《标准化工作导则　第1部分：标准化文件的结构和起草规则》的规定起草。

本文件由上海市新材料协会提出。

本文件由上海市新材料协会标准化技术委员会归口。

本文件起草单位：上海如鲲新材料股份有限公司、张家港市国泰华荣新材料有限公司、珠海赛纬电子材料股份有限公司、天津金牛电源材料有限责任公司、如鲲（山东）新材料科技有限公司。

本文件起草人：沈枫锋、岳立、毛冲、孙新华、韩兆萌。

1,3,6 -己烷三腈

1 范围

本文件规定了 1,3,6 -己烷三腈(以下简称己烷三腈)的性能要求、试验方法、检验规则及标志、包装、运输、贮存。

本文件适用于 1,3,6 -己烷三腈,可用作电解液添加剂和许多工业应用产品的中间体。

2 规范性引用文件

下列文件中的内容通过文中的规范性引用而构成本文件必不可少的条款。其中,注日期的引用文件,仅该日期对应的版本适用于本文件;不注日期的引用文件,其最新版本(包括所有的修改单)适用于本文件。

GB/T 3143 液体化学产品颜色测定法

GB/T 6680 液体化工产品采样通则

GB/T 6682 分析实验室用水规格和试验方法

GB/T 8170 数值修约规则与极限数值的表示和判定

GB/T 9722 化学试剂 气相色谱法通则

GB/T 19282—2014 六氟磷酸锂产品分析方法

GB/T 23942—2009 化学试剂 电感耦合等离子体原子发射光谱法通则

HG/T 3696.2 无机化工产品 化学分析用标准溶液、制剂及制品的制备 第 2 部分:杂质标准溶液的制备

HG/T 3696.3 无机化工产品 化学分析用标准溶液、制剂及制品的制备 第 3 部分:制剂及制品的制备

SN/T 2994—2011 有机化工产品中氟、氯和硫酸根的测定 离子色谱法

3 分子式和相对分子质量

分子式:$C_9H_{11}N_3$

相对分子质量:161.204(按 2014 年国际相对原子质量)

4 性能要求

己烷三腈的性能应符合表 1 的要求。

表 1 己烷三腈性能

项 目	要 求
外观	透明液体,无可见杂质
纯度	≥99.8%

续 表

项 目		要 求
己二腈		<2 000 mg/kg
水分		≤100 mg/kg
氯离子		≤10 mg/kg
硫酸根		≤10 mg/kg
色度		≤50 APHA
微量金属元素含量	钠 Na	≤5 mg/kg
	钾 K	≤5 mg/kg
	钙 Ca	≤5 mg/kg
	铁 Fe	≤5 mg/kg
	铬 Cr	≤5 mg/kg
	镍 Ni	≤5 mg/kg
	铜 Cu	≤5 mg/kg
	锌 Zn	≤5 mg/kg
	铅 Pb	≤5 mg/kg

5 试验方法

警示：本试验方法中使用的部分试剂具有腐蚀性，操作时须小心谨慎，应做好防护措施，须佩戴合适防护用具如手套、口罩等，应在通风橱内进行！如溅到皮肤上应立即用水冲洗，严重者应立即治疗。

5.1 总体要求

本文件所用试剂与水，在没有注明其他要求时，均指分析纯试剂和 GB/T 6682 规定的三级水。试验中所用杂质标准溶液、制剂及制品，在未注明其他要求时，均按 HG/T 3696.2、HG/T 3696.3 的规定制备。

5.2 外观

将 50 mL 样品加入 50 mL 具塞比色管中，室温，在日光灯或日光下轴向目测观察。

5.3 纯度

按附录 A 的规定进行测定。

5.4 己二腈含量

按附录 B 的规定进行测定。

5.5 水分

按 GB/T 19282—2014 中 3.7 的规定进行测定。

取两次平行测定结果的算术平均值为报告结果，两次平行测定结果的绝对差值与算术平均值之比不应大于10%。

5.6 氯离子

按SN/T 2994—2011中氯的测定进行测定。

5.7 硫酸根

按SN/T 2994—2011中硫酸根的测定进行测定。

5.8 色度

按GB/T 3143的规定进行测定。

5.9 微量金属元素含量

按附录C的规定进行测定。

6 检验规则

6.1 检验分类

检验为出厂检验。

6.2 出厂检验

出厂检验每批检验一次，检验项目为全项目检验。

6.3 组批

检验以批为单位，以相同材料、相同的生产条件、连续生产或同一班组生产的产品为一批，每批产品不超过1吨。

6.4 抽样

按照GB/T 6680中的规定，从包装桶内取样。将采取的样品混匀，分装于两个清洁、干燥、具磨口塞的玻璃瓶或塑料瓶中，密封。每瓶样品量不少于200 mL。一瓶用于检验，一瓶作备检。样品瓶上应贴上标签，并注明生产企业名称、产品名称、批号或生产日期、采样日期及采样人姓名等。

6.5 判定与复验规则

按照GB/T 8170规定的修约值比较法判定检验结果是否符合本文件。检验结果如果有指标不符合本文件要求，应重新在两倍量的包装中采样复验，复验结果有任何一项指标不符合本文件要求时，则整批产品视为不合格。

7 标志、包装、运输、贮存

7.1 标志

7.1.1 包装上应有牢固清晰的标志，内容包括：生产厂名、厂址、产品名称、净含量、批号(或生产日期)、本文件编号。

7.1.2 每批出厂的产品都应附有质量证明书，内容包括：生产厂名、厂址、产品名称、净含量、批号(或生产日期)、检验报告和本文件编号。

7.2 包装

产品应采用干燥、容量为 200 L 的电解液桶密封包装。

7.3 运输

产品在运输过程中应有遮盖,防止日晒、雨淋,包装不应破损。

7.4 贮存

7.4.1 产品应贮存在阴凉、干燥、通风的库房内,防止日晒、雨淋。

7.4.2 在符合贮运条件下,自生产之日起,产品保质期 1 年。

附 录 A
(规范性)
纯度测试方法

A.1 方法提要

用气相色谱法，在选定的色谱工作条件下，试样经汽化通过毛细管色谱柱，使其中的各组分分离，用火焰离子化检测器(FID)检测，采用面积归一化法得到纯度。

A.2 试剂和材料

A.2.1 试剂：乙腈，AR。
A.2.2 氮气：纯度大于99.995%(体积分数)。
A.2.3 氢气：纯度大于99.995%(体积分数)。
A.2.4 空气：无油，经硅胶、分子筛充分干燥和净化。

A.3 仪器与器皿

A.3.1 气相色谱仪：配置氢火焰离子化检测器及分流装置。整机灵敏度和稳定性符合GB/T 9722中的有关规定。
A.3.2 记录系统：积分仪或色谱工作站。
A.3.3 色谱柱：色谱柱及典型操作条件见表A.1，其他能达到同等分离效果的色谱柱及操作条件均可使用。

表A.1 色谱柱及典型操作条件

项 目	要 求
毛细管色谱柱	30 m×0.32 mm×0.25 μm(柱长×柱内径×液膜厚度)
固定相	5%二苯基+1%乙烯基+94%二甲基聚硅氧烷
柱温	初始50 ℃，保持2 min，升温速率20 ℃/min，终温280 ℃，保持10 min
汽化室温度	250 ℃
检测器温度	300 ℃
载气流量	2.0 mL/min
氢气流量	30 mL/min
空气流量	400 mL/min
进样体积	1 μL
分流比	50∶1

A.3.4 电子天平：精度 0.1 mg、0.01 mg。

A.3.5 微量注射器：1 μL、10 μL。

A.3.6 试剂瓶：50 mL、100 mL。

A.4 试验步骤

A.4.1 试样溶液的制备

称量 5 g 试样，精确至 0.000 1 g，置于 100 mL 试剂瓶中，加入 45 g 乙腈，精确至 0.000 1 g，稀释混匀。

A.4.2 测定

根据仪器操作规程，按表 A.1 所示的操作条件设置参数，待仪器稳定后，依次测定空白(乙腈)、试样溶液，记录试样中己烷三腈和各杂质的峰面积。

A.5 结果处理

己烷三腈的纯度 w 按式(A.1)计算：

$$w = \frac{A \times f}{\sum (A_i \times f_i)} \times 100 \qquad \text{(A.1)}$$

式中：

w——己烷三腈的纯度，%；

A——己烷三腈的峰面积，无量纲单位；

f——己烷三腈的相对质量校正因子，设为 1.000；

A_i——各组分的峰面积，无量纲单位；

f_i——各组分的相对质量校正因子，设为 1.000。

附 录 B
(规范性)
己二腈含量测试方法

B.1 方法提要

用气相色谱法，在选定的色谱工作条件下，试样经汽化通过毛细管色谱柱，使其中的各组分分离，用火焰离子化检测器(FID)检测，采用外标法得到己二腈的含量。

B.2 试剂和材料

B.2.1 试剂：乙腈，AR。

B.2.2 标准品：己二腈，AR。

B.2.3 氮气：纯度大于99.995%(体积分数)。

B.2.4 氢气：纯度大于99.995%(体积分数)。

B.2.5 空气：无油，经硅胶、分子筛充分干燥和净化。

B.3 仪器与器皿

B.3.1 气相色谱仪：配置氢火焰离子化检测器及分流装置。整机灵敏度和稳定性符合GB/T 9722的有关规定。

B.3.2 记录系统：积分仪或色谱工作站。

B.3.3 色谱柱：色谱柱及典型操作条件见表B.1,其他能达到同等分离效果的色谱柱及操作条件均可使用。

表B.1 色谱柱及典型操作条件

项 目	要 求
毛细管色谱柱	30 m×0.32 mm×0.25 μm(柱长×柱内径×液膜厚度)
固定相	5%二苯基+1%乙烯基+94%二甲基聚硅氧烷
柱温	初始50 ℃,保持2 min,升温速率20 ℃/min,终温280 ℃,保持10 min
汽化室温度	250 ℃
检测器温度	300 ℃
载气流量	2.0 mL/min
氢气流量	30 mL/min
空气流量	400 mL/min
进样体积	1 μL
分流比	50∶1

B.3.4 电子天平：精度0.1 mg、0.01 mg。

B.3.5 微量注射器：1 μL、10 μL。

B.3.6 试剂瓶：20 mL、50 mL、100 mL。

B.4 试验步骤

B.4.1 标准溶液的制备

称量己二腈标准样品 0.5 g，精确至 0.000 1 g，置于 50 mL 容量瓶中，加乙腈定容，得到 1 000 mg/L 的标准溶液储备液。

分别称取上述标准溶液储备液 0.1 g、0.2 g、0.5 g、1 g、2 g，精确至 0.000 1 g，分别置于 20 mL 容量瓶中，分别加入乙腈定容至刻度，得到浓度分别为 10 mg/L、20 mg/L、50 mg/L、100 mg/L、200 mg/L 的标准溶液。

B.4.2 试样溶液的制备

称量 5 g 试样，精确至 0.000 1 g，置于 50 mL 容量瓶中，加乙腈定容。

B.4.3 测定

根据仪器操作规程，按表 B.1 所示的操作条件设置参数，待仪器稳定后，依次测定空白（乙腈）、标准样品溶液、空白（乙腈）、试样溶液，记录标准溶液和试样溶液中己二腈的峰面积。

B.5 结果处理

以各标准溶液己二腈的浓度为横坐标，以峰面积为纵坐标，可得到标准曲线 $Y=AX+B$；

试样中己二腈的含量 w 按式（B.1）计算：

$$w=\frac{(Y-B)\times G}{A\times m} \qquad \text{(B.1)}$$

式中：

w——己二腈含量，单位为毫克每千克（mg/kg）；

A——标准曲线的系数，无量纲单位；

B——标准曲线的截距，无量纲单位；

Y——试样溶液中己二腈的峰面积，无量纲单位；

G——试样溶液中己二腈的稀释重量，单位为克（g）；

m——试样溶液中己二腈的重量，单位为克（g）。

取两次平行测定结果的算术平均值为报告结果，两次平行测定结果的绝对差值与算术平均值之比不应大于 10%。

附　录　C

（规范性）

微量金属元素含量测试方法

C.1　方法提要

在具有耐氟化物腐蚀进样系统的电感耦合等离子体发射光谱仪（ICP－OES）上采用工作曲线法测定试样中的各微量金属元素的含量。

C.2　试剂和材料

C.2.1　多元素标准溶液：符合 GB/T 23942—2009 中 5.3 要求的混合标准溶液（10 μg/mL）。

C.2.2　*N*－甲基吡咯烷酮（NMP）：电子级。

C.3　仪器与器皿

C.3.1　电感耦合等离子体发射光谱仪（ICP－OES）：配有耐氟化物腐蚀的进样系统。

C.3.2　容量瓶：聚乙烯或其他耐腐蚀材质，50 mL、100 mL。

C.3.3　移液枪及枪头：100 μL～1 000 μL。

C.4　试验步骤

C.4.1　试样溶液的制备

称量 5 g 试样，精确至 0.000 1 g，置于 50 mL 容量瓶中，用 *N*－甲基吡咯烷酮水溶液稀释至刻度，精确至 0.000 1 g，摇匀。

C.4.2　工作曲线溶液的配制

准确移取 0.00 mL、0.10 mL、0.20 mL、0.50 mL、1.00 mL 混合标准溶液分别置于 50 mL 容量瓶中，用 *N*－甲基吡咯烷酮水溶液稀释至刻度，混匀，此系列标准溶液各元素含量分别为 0.0 μg/L、20.0 μg/L、40.0 μg/L、100.0 μg/L、200.0 μg/L。

C.4.3　空白的配制

N－甲基吡咯烷酮（NMP）与超纯水按 7∶3 体积比混合均匀。

C.4.4　测定

按照电感耦合等离子体发射光谱仪（ICP－OES）操作规程打开仪器，待仪器处于稳定温度状态后，依次测定空白、系列标准溶液和试样溶液，以系列标准溶液中各被测阴离子浓度为横坐标、对应的响应值为纵坐标，绘制曲线，通过曲线查出各金属元素的质量浓度（mg/kg）。

C.5　结果处理

金属元素含量 w 按式（C.1）计算：

$$w=\frac{\rho \times G \times 10^{-3}}{m} \qquad \cdots\cdots (C.1)$$

式中：

w——金属元素含量，单位为毫克每千克（mg/kg）；

ρ——由工作曲线上查得的所取试验溶液中各被测金属元素的质量浓度，单位为微克每千克（μg/kg）；

G——制备试样溶液稀释的重量,单位为克(g);

m——试样的重量,单位为克(g)。

取两次平行测定结果的算术平均值为测定结果。两次平行测定结果的差值不应大于其算术平均值的 30%。

2024

上海市新材料协会团体标准合订本

（第四分册　新材料中试基地管理）

上海市新材料协会　汇编

華東理工大學出版社
EAST CHINA UNIVERSITY OF SCIENCE AND TECHNOLOGY PRESS
·上海·

图书在版编目（CIP）数据

上海市新材料协会团体标准合订本 / 上海市新材料协会汇编. -- 上海 : 华东理工大学出版社, 2025. 6.

ISBN 978-7-5628-7857-5

Ⅰ. TB3-65

中国国家版本馆 CIP 数据核字第 2025SS7633 号

项目统筹 / 马夫娇　韩　婷
责任编辑 / 韩　婷
责任校对 / 陈婉毓
装帧设计 / 徐　蓉
出版发行 / 华东理工大学出版社有限公司
地址：上海市梅陇路 130 号，200237
电话：021－64250306
网址：www.ecustpress.cn
邮箱：zongbianban@ecustpress.cn
印　　刷 / 上海邦达彩色包装印务有限公司
开　　本 / 890 mm×1240 mm　1/16
印　　张 / 18.25
字　　数 / 539 千字
版　　次 / 2025 年 6 月第 1 版
印　　次 / 2025 年 6 月第 1 次
定　　价 / 298.00 元(全 4 册)

前　言

上海市新材料协会是经上海市民政局批准，于 2000 年成立的中国首家以新材料命名的行业协会。会员包括央企、国企、民企、跨国公司、大学、研究院所及第三方机构，专业涵盖金属材料、高分子材料、无机材料、复合材料、材料加工及前沿新材料等领域，是一家跨行业、跨专业和跨地域的上海市级社会组织。

上海市新材料协会以“服务企业、规范行业、发展产业”为宗旨，设有上海市新材料战略咨询专家委员会、上海市新材料知识产权维权援助工作站、上海市新材料产业高技能人才培养基地、上海新材料产业基金联盟、上海膜材料产业发展联盟、上海新材料产业数字引擎联盟等机构，并建有抗菌防疫新材料、可降解材料及循环利用技术、新材料检测和标准化等全国性的专业委员会，是上海市新材料领域团体标准化试点单位。

上海市新材料协会严格执行国家标准化管理委员会、民政部共同发布的《团体标准管理规定》以及上海市市场监督管理局、上海市民政局发布的《上海市实施〈团体标准管理规定〉办法》，按照开放、公平、透明的原则组织开展团体标准的编制、评审、发布、复审等工作，始终把制定团体标准作为服务新材料产业高质量发展的一项重要工作。通过组织制定新材料各专业细分领域的团体标准，树立新材料行业产品质量标杆，推动企业技术创新和科研成果及时向技术标准转化，推进新材料产业的标准化建设工作。

标准决定质量，标准划分市场，谁制定标准谁就有话语权。团体标准是标准体系的重要组成部分，与国家标准相比，具有制定快、发布快、实施快的特点。团体标准在保障产品质量安全、促进产业转型升级、推动经济提质增效和服务对外贸易等方面发挥着越来越重要的作用。

2018 年以来，上海市新材料协会在上海市市场监督管理局和徐汇区市场监督管理局的指导下，在协会理事会的领导下，逐步完善了标准化管理组织机构和管理制度，整合了新材料产业标准化资源，围绕市场需求和新材料产业高质量发展的要求，先后组织编制、审查、发布和实施了 26 项团体标准。为满足上海市新材料产业企事业单位及上下游产业链相关单位对材料标准的需求，现决定按专业分为四个分册出版发行合订本。

第一分册为先进高分子材料分册，汇集了 13 项团体标准。

第二分册为先进无机和非金属材料分册，包含 5 项团体标准。

第三分册为新能源电池材料分册，包含 4 项团体标准。

第四分册为新材料中试基地管理分册，包含 4 项团体标准。

上海市新材料协会

2025 年 1 月 9 日

目　　录

1. T/SHXCL 0020.1—2023《上海市新材料中试基地建设与管理　第 1 部分：通则》 …………………… 1
2. T/SHXCL 0020.2—2023《上海市新材料中试基地建设与管理　第 2 部分：化工》 …………………… 9
3. T/SHXCL 0020.3—2023《上海市新材料中试基地建设与管理　第 3 部分：金属材料》…………… 19
4. T/SHXCL 0020.4—2023《上海市新材料中试基地建设与管理　第 4 部分：无机非金属及其他材料》………………………………………………………………………………… 29

ICS 03.100.04
A 01

团 体 标 准

T/SHXCL 0020.1—2023

上海市新材料中试基地建设与管理 第 1 部分：通则

Construction and management of Shanghai new material pilot base
Part 1: General

2023－09－25 发布　　2023－10－30 实施

上海市新材料协会　发布

前　言

T/SHXCL 0020《上海市新材料中试基地建设与管理》的结构及名称如下：

——第 1 部分：上海市新材料中试基地建设与管理　第 1 部分：通则

——第 2 部分：上海市新材料中试基地建设与管理　第 2 部分：化工

——第 3 部分：上海市新材料中试基地建设与管理　第 3 部分：金属材料

——第 4 部分：上海市新材料中试基地建设与管理　第 4 部分：无机非金属及其他材料

本文件按照 GB/T 1.1—2020《标准化工作导则　第 1 部分：标准化文件的结构和起草规则》的规定起草。

本文件是 T/SHXCL 0020《上海市新材料中试基地建设与管理》的第 1 部分。

本文件由上海市新材料协会提出并归口。

本文件起草单位：上海市新材料协会、宝武特种冶金有限公司、上海化学工业区企业发展有限公司、上海化工研究院有限公司、上海碳谷绿湾产业园、上海杭州湾经济开发区、中国科学院上海硅酸盐研究所、上海超碳石墨烯产业技术有限公司、上海金发科技有限公司、上海试四化学品有限公司、凯赛（上海）生物科技有限公司、上海华峰新材料研发科技有限公司、康达新材料（集团）股份有限公司、上海一郎合金有限公司。

本文件主要起草人：何扣宝、杨崇惠、孙国安、郑芳、瞿贤、许保云、储德韧、许雪军、迟丽萍、韩金铎、李凤仙、雷长安、林海涛、杨晨、崔燕军、赵有中、司周祥。

上海市新材料中试基地建设与管理 第1部分：通则

1 范围

本文件规定了上海市新材料中试基地建设与管理的分类及选用标准、基本要求、中试基地的认定与监管、入驻中试基地的中试项目管理。

本文件适用于上海市新材料中试基地建设与管理。

2 规范性引用文件

下列文件中的内容通过文中的规范性引用而构成本文件必不可少的条款。其中，凡注日期的引用文件，仅该日期对应的版本适用于本文件；不注日期的引用文件，其最新版本（包括所有的修改单）适用于本文件。

GB 12348 工业企业厂界环境噪声排放标准

GB 18597 危险废物贮存污染控制标准

GB 18599 一般工业固体废物贮存和填埋污染控制标准

GB 50016 建筑设计防火规范

GB/T 50087 工业企业噪声控制设计规范

GB 50140 建筑灭火器配置设计规范

GB 50187 工业企业总平面设计规范

GB 50974 消防给水及消火栓系统技术规范

GB 55036 消防设施通用规范

GB 55037 建筑防火通用规范

T/SHXCL 0020.2 上海市新材料中试基地建设与管理 第2部分：化工

T/SHXCL 0020.3 上海市新材料中试基地建设与管理 第3部分：金属材料

T/SHXCL 0020.4 上海市新材料中试基地建设与管理 第4部分：无机非金属及其他材料

3 术语和定义

下列术语和定义适用于本文件。

3.1

中试 pilot test

为验证新产品、新工艺、新技术在实验室试验成功后、大规模量产前，其连续性生产工艺技术的可行性、稳定性和安全性，探索解决工业化规模生产关键技术而进行的科学研究活动。

3.2

中试项目 pilot project

为开展中试研究而建设的完整工艺过程装置，包括必要的建构筑物、工艺操作单元、水电气分配系统、自动控制和安全联锁系统、环保治理等设施。

3.3

中试基地　pilot base

为中试项目提供试验场地和条件，进行一定规模验证性、工程化研究的科研性生产场所，包括中试装置、技术和产品性能指标检测共享平台、一定规模生产厂房（场地）、符合专业要求的储存设施、水电气等公用工程设施及环保集中处理设施等。

4　中试基地的分类及选用标准

4.1

中试基地根据试验物料的性质分为化工中试基地和非化工中试基地。非化工中试基地包括金属材料中试基地和无机非金属及其他材料中试基地。

4.2

中试基地除满足本文件规定的基本要求外，还应当根据不同分类满足下列专业管理要求。

《上海市新材料中试基地建设与管理　第 2 部分：化工》（T/SHXCL 0020.2）

《上海市新材料中试基地建设与管理　第 3 部分：金属材料》（T/SHXCL 0020.3）

《上海市新材料中试基地建设与管理　第 4 部分：无机非金属及其他材料》（T/SHXCL 0020.4）

5　基本要求

5.1　中试基地的建设要求

中试基地的建设应符合如下要求：

a）中试基地的建设应当遵循 GB 50187 和 GB 55037 的规定。

b）中试基地应当根据试验性质分类，结合地区产业导向，选择不同区域建设并符合相关文件要求。

c）中试基地应当符合环境保护、安全卫生、文物保护、交通运输及消防应急救援等方面的规定。

d）中试基地应当远离环境敏感地区，具有方便的外部交通运输条件。

e）中试基地试验装置区域内不得有地区性架空电力线路穿越；基地内的排洪沟不宜通过试验装置区，当受条件限制确需通过时，应做安全评估。

f）中试基地应当具有满足试验所必需的水源、电源以及相关的配套设施，集中的公用工程及辅助试验设施、安全、消防、环保设施。

g）中试基地与周边企业及设施的防火间距应当满足 GB 50016 的相关规定。

h）中试基地对外的卫生防护距离，应符合国家现行标准规范的有关规定。

i）对中试装置的安全距离有特殊要求的相邻工厂、港区、仓库和堆场、军事设施、机场、地区输油和输气管道，通航江、河、海岸边等应按有关规定执行。

j）中试基地建设项目应当按照固定资产投资项目的管理规定办理有关报建审批手续。

5.2　中试基地的安全消防要求

中试基地的安全消防应符合如下要求：

a）中试基地安全设施应当与主体工程同时设计、同时施工和同时投入运行，并应当符合安全评价报告和安全设施设计专篇的要求。

b）中试基地应当实施封闭管理，建立完善的门禁系统和视频监控系统。

c) 中试基地应当建设可燃有毒气体监测设施和火灾报警设施，并实行统一管理。

d) 消防用水水源可由园区(市政)给水管网或基地自备水源等供给，并符合 GB 50974 的规定；消防给水系统及灭火设施等设计应根据中试基地的建筑类型、试验(储存)类别和火灾危险特性等因素确定。

e) 中试基地的灭火器设置、自动喷水灭火系统、泡沫灭火系统、固定消防冷却水系统、气体灭火系统等设置应当符合 GB 50140、GB 55036 的规定。

f) 中试基地应当根据风险特点和标准规范的适用范围，选取适用的其他标准规范。

5.3 中试基地的环境保护和职业卫生要求

中试基地的环境保护和职业卫生应符合如下要求：

a) 中试基地环境保护设施应当与主体工程同时设计、同时施工和同时投入运行，并应符合环境影响评价报告书(表)的要求。开工建设前，办理环境影响评价手续并获得审批；实际排污前，申领排污许可证；竣工后，自主完成竣工环境保护验收。

b) 中试基地应当采用“清污分流、雨污分流”，实现废水分类收集、分质处理，配套建设基地污水处理站，各中试项目产生的废水达到基地污水处理站接管要求后通过专用管道排入基地污水处理站进行处理。

c) 中试基地的噪声应当符合 GB 12348 的规定，噪声控制设计应当符合 GB/T 50087 的规定。

d) 中试基地应当建立环境监测制度并实行统一管理。

e) 中试基地内工业固体废物应当分类收集、规范暂存、合规处置；固体废物的贮存与处置应当符合 GB 18599、GB 18597 等的规定。在固体废物的收集、贮存、运输或处置过程中如有二次污染物产生，应采取相应的防治措施。

5.4 中试基地的管理要求

5.4.1 中试基地应当以法人为主体，由独立法人单位实施建设、负责运行管理，建立运行和管理体系，配备安全生产、环境保护、装置运维、工艺管理等专业化运营管理团队，制定管理制度。

5.4.2 中试基地应当对入驻基地的中试项目组织审核并按规定报相关部门备案。

5.4.3 中试基地应当根据基地内的中试项目制定相应的安全事故应急预案，配备应急救援队伍及应急救援物资，对基地内的安全运行进行监管。

5.4.4 中试基地应当结合中试项目特点制定环境监测方案，对基地排污口及周边环境质量情况进行监测，记录和保存监测数据，依法向社会公开发布监测信息。

5.4.5 中试基地应当制定突发环境事件应急预案，配备应急救援队伍、装备和设施，储备必要的应急物资。

5.4.6 中试基地应当完善公共基础设施，与中试项目单位共同负责中试项目的运行管理，制定中试项目的运行管理方案。

6 中试基地的认定与监管

6.1 中试基地的认定

中试基地申报单位根据本文件所规定的中试基地建设要求，按中试项目所涉及的试验内容、运行管理要求，编制中试基地的建设运营方案。有安全评价和环境评价要求的，还应当委托有资质的单位编制安全评价报告和环境影响评价报告书(表)等必要材料。在自我评估的基础上，提交中试基地立项申请书及相关材料，由团体标准归口单位组织专家现场评审，形成评估意见，并报市政府相关部门审核和综合评价。

6.2 中试基地的申报材料

中试基地申报应提交如下材料：

a) 企业营业执照、组织机构代码证、税务登记证、社会保险登记证和统计登记证；
b) 中试基地申请书；
c) 中试基地的建设运营方案；
d) 安全评价报告(若有)；
e) 环境影响评价报告书(表)(若有)；
f) 联合单位的合作协议(联合申报单位提供此材料)(若有)；
g) 中试基地公用工程、分析检测、专业化队伍等配套条件及明细表；
h) 中试基地各类运行管理制度清单；
i) 中试基地自评报告；
j) 其他。

6.3 中试基地的监管

6.3.1 经认定的中试基地，连续运行三年后应当复评。复评由中试基地提出申请并提交自查报告，由团体标准归口单位组织专家对中试基地进行现场检查评估。

6.3.2 评估结果不合格的中试基地，应当根据评估意见进行整改，整改期限为三个月，到期后再次进行评估，再次评估未通过的，取消中试基地资格。

6.3.3 中试基地在运行周期内，每年应开展相应内容的自查和督查，自查由中试基地组织实施，督查由团体标准归口单位组织实施。

6.3.4 中试基地的检查评估标准由不同类型的中试基地按本文件要求制定。

7 入驻中试基地的中试项目管理

7.1 项目准入

中试项目试验单位应当根据中试项目的可研报告，委托有资质的单位编制中试项目设计方案、安全评价报告、环境影响评价报告书(表)等必要材料，向拟入驻的中试基地提交中试项目准入申请书及相关材料。

7.2 安全生产

中试项目试验单位应当委托有资质的单位编制中试项目安全评价报告和安全设施设计专篇，并组织专家进行评审论证。安全评价报告、安全设施设计专篇及评审论证结果应向属地应急管理部门报备。

7.3 环境保护

中试项目试验单位应当委托有资质的单位编制环境影响评价报告书(表)，报有审批权限的生态环境部门审批。中试项目试验单位利用原有中试设施、设备开展新的中试项目，致使原有环评文件所批复的试验内容及规模发生变化的，应当提前报中试基地管理部门，视变化情况确定是否另行办理环保手续，做好变更管理。

7.4 审查报备

中试基地组织专家对申报材料进行审查，审查内容包括中试项目类型、设计方案、安全条件、环境影响、合规建设、政策支持等。符合要求的，应向属地应急管理部门报备。

7.5 项目验收

中试基地内的中试项目投入运行前,中试项目试验单位应当对安全、环保等条件进行验收(或组织专家验收),不具备条件或存在重大隐患的不得投入使用。验收结果报中试基地管理部门并向属地应急管理部门报备。

7.6 项目终结

中试项目完成后,试验单位应当做好停车退料、设备清洗、物料处置等工作。

7.7 其他事项

中试基地内的中试项目与该基地内其他装置、建筑之间应当根据其性质及用途符合 GB 50016 的规定。涉及建设永久性建构筑物的,应当按规定办理规划许可、施工许可、工程竣工验收等手续。

7.8 中试项目的申报材料

中试项目申报应提交如下材料:

a) 企业营业执照、组织机构代码证、税务登记证、社会保险登记证和统计登记证;
b) 中试项目准入申请书;
c) 中试项目设计方案;
d) 安全评价报告;
e) 环境影响评价报告书(表);
f) 小试研究报告和专家评审意见;
g) 联合单位的合作协议(联合申报单位提供此材料);
h) 中试项目运行管理方案;
i) 其他。

ICS 03.100.04
A 01

团 体 标 准

T/SHXCL 0020.2—2023

上海市新材料中试基地建设与管理
第 2 部分：化工

Construction and management of Shanghai new material pilot base
Part 2: Chemical industry

2023－09－25 发布 2023－10－30 实施

上海市新材料协会 发布

前　　言

T/SHXCL 0020《上海市新材料中试基地建设与管理》的结构及名称如下：

——第 1 部分：上海市新材料中试基地建设与管理　第 1 部分：通则

——第 2 部分：上海市新材料中试基地建设与管理　第 2 部分：化工

——第 3 部分：上海市新材料中试基地建设与管理　第 3 部分：金属材料

——第 4 部分：上海市新材料中试基地建设与管理　第 4 部分：无机非金属及其他材料

本文件按照 GB/T 1.1—2020《标准化工作导则　第 1 部分：标准化文件的结构和起草规则》的规定起草。

本文件是 T/SHXCL 0020《上海市新材料中试基地建设与管理》的第 2 部分。

本文件由上海市新材料协会提出并归口。

本文件起草单位：上海市新材料协会、上海化工研究院有限公司、上海化学工业区企业发展有限公司、上海碳谷绿湾产业园、上海试四化学品有限公司、康达新材料(集团)股份有限公司、华东理工大学华昌聚合物有限公司。

本文件主要起草人：杨崇惠、孙国安、程凯、赵斌、林建、李铭、许雪军、林海涛、赵有中、魏国才、钱建华。

上海市新材料中试基地建设与管理 第2部分 化工

1 范围

本文件规定了上海市化工新材料(包括生物基新材料)中试基地建设与管理的基本要求、化工中试基地的认定与监管及入驻化工中试基地的中试项目管理。

本文件适用于上海市化工新材料(包括生物基新材料)中试基地建设与管理。

2 规范性引用文件

下列文件中的内容通过文中的规范性引用而构成本文件必不可少的条款。其中,注日期的引用文件,仅该日期对应的版本适用于本文件;不注日期的引用文件,其最新版本(包括所有的修改单)适用于本文件。

GB 12348 工业企业厂界环境噪声排放标准
GB 15603 危险化学品仓库储存通则
GB 18597 危险废物贮存污染控制标准
GB 18599 一般工业固体废物贮存和填埋污染控制标准
GB 50016 建筑设计防火规范
GB/T 50087 工业企业噪声控制设计规范
GB 50140 建筑灭火器配置设计规范
GB 50160 石油化工企业设计防火规范
GB 50187 工业企业总平面设计规范
GB/T 50483 化工建设项目环境保护工程设计标准
GB 50489 化工企业总图运输设计规范
GB 50974 消防给水及消火栓系统技术规范
GB 51283 精细化工企业工程设计防火标准
GB 55036 消防设施通用规范
GB 55037 建筑防火通用规范
T/SHXCL 0020.1 上海市新材料中试基地建设与管理 第1部分:通则

3 术语和定义

T/SHXCL 0020.1 界定的以及以下术语和定义适用于本文件。

3.1

化工中试 chemical pilot test

为验证化工新产品、新工艺、新技术在实验室试验成功后、大规模量产前,其连续生产工艺技术的可行性、稳定性和安全性，探索解决工业化规模生产关键技术而进行的科学试验活动。

3.2

化工中试项目　chemical pilot project

为开展化工中试研究而建设的完整的工艺过程装置，包括必要的建构筑物、工艺操作单元、水电汽气分配系统、自动控制和安全联锁系统、环保治理等设施。

3.3

化工中试基地　chemical pilot base

为化工中试项目提供试验场地和条件，进行一定规模验证性、工程化研究的科研性生产场所，包括中试装置、技术和产品性能指标检测共享平台、一定规模生产厂房（场地）、水电汽气等公用工程设施以及有环保集中处理设施等。

4　基本要求

4.1　化工中试基地的建设要求

化工中试基地的建设应符合如下要求：

a）化工中试基地应当选址在政府认定的化工园区内。

b）化工中试基地的建设应当遵循 GB 50187、GB 55037 的规定。

c）化工中试基地应当符合环境保护、安全卫生、文物保护、交通运输及消防应急救援等方面的规定。

d）化工中试基地应当远离环境敏感地区；具有方便的外部交通运输条件；卫生防护距离应当符合国家现行标准规范的规定；对化工中试装置的安全距离有特殊要求的相邻工厂、港区、仓库和堆场、军事设施、机场、地区输油和输气管道，通航江、河、海岸边等应当按有关规定执行。

e）化工中试基地应当具有满足试验所必需的水源、电源以及相关的配套设施，集中的公用工程及辅助生产设施；基地的试验装置区域内不得有架空电力线路穿越；基地内的排洪沟不宜通过试验装置区，当受条件限制确需通过时应做安全评估。

f）化工中试基地与周边企业及设施的防火间距应当满足 GB 50016 和 GB 51283 的规定。对于涉及重大危险源或重点监管危险化工工艺的装置设施、单元，其外部防火间距还应满足 GB 50160 的规定。

g）化工中试基地的试验装置不应与工业化生产项目和工业化生产装置处在同一建构筑物内。

h）化工中试基地的总图布置应按功能分区集中布置，一般分为中试装置区、公用工程和辅助区、仓储区、管理设施区等，基地内的运输应当符合 GB 50489 的规定。

i）化工中试基地建设应当按照固定资产投资项目的管理规定办理有关报建审批手续。

4.2　化工中试基地的安全消防要求

化工中试基地的安全消防应符合如下要求：

a）化工中试基地安全设施应当与主体工程同时设计、同时施工和同时投入运行，并应当符合安全评价报告和安全设施设计专篇的要求。

b）化工中试基地应当根据储存的危险化学品特性配备相应等级的储存设施并符合 GB 15603 的规定。

c）化工中试基地应当建立火灾报警、可燃和有毒气体检测报警等设施，并实行统一管理。

d）化工中试基地应当实施封闭管理，建立完善的门禁系统和视频监控系统，严格控制人员、危险化学品车辆进入基地。

e) 化工中试基地的消防用水水源可由市政给水管网或基地自备水源等供给，并应符合 GB 50974 等的规定。消防给水系统及灭火设施等设计应根据中试基地的建筑类型、试验(储存)类别和火灾危险特性等因素确定。

f) 化工中试基地的自动喷水灭火系统、泡沫灭火系统、固定消防冷却水系统、气体灭火系统、灭火器设置等应当符合 GB 50140、GB 55036 的规定。

g) 化工中试基地应当根据风险特点和标准规范的适用范围，选取适用的其他标准规范。

4.3 化工中试基地的环境保护和职业卫生要求

化工中试基地的环境保护和职业卫生应符合如下要求：

a) 化工中试基地环境保护设施应当与主体工程同时设计、同时施工和同时投入运行，并应符合环境影响评价报告书(表)的要求。开工建设前，办理环境影响评价手续并获得审批；实际排污前，申领排污许可证；竣工后，自主完成竣工环境保护验收。

b) 化工中试基地应当采用“清污分流、雨污分流”，实现废水分类收集、分质处理，配套建设基地污水处理站，各中试项目产生的废水达到基地污水处理站接管要求后通过专用管道排入基地污水处理站进行处理。

c) 化工中试基地应当根据不同的中试项目特点设置污染物排放监测设施并实行统一管理。

d) 化工中试基地内工业固体废物应当分类收集、规范暂存、合规处置；固体废物的贮存与处置应当符合 GB 18599、GB 18597 等规定。在固体废物的收集、贮存、运输或处置过程中如有二次污染物产生，应采取相应的防治措施。

e) 化工中试基地应当建立有效的环境风险防控设施，包括拦截、降污、导流等应急响应措施，设置应急事故设施(池)并满足 GB/T 50483 的规定。

f) 化工中试基地的噪声应当符合 GB 12348 的规定，噪声控制设计应当符合 GB/T 50087 的规定。

4.4 化工中试基地的管理要求

4.4.1 化工中试基地的建设应当以法人为主体实施建设并负责运行管理，建立运行和管理体系，配备安全生产、环境保护、装置运维、工艺管理等专业化运营管理团队，制定管理制度。

4.4.2 化工中试基地应当对入驻基地的中试项目组织审核并按规定向属地应急管理部门报备。

4.4.3 化工中试基地应当与入驻基地的中试项目试验单位签订安全生产协议，明确各自责任。对基地内的安全运行进行监管，包括中试项目中的危险工艺、危险化学品储存设施和重大危险源。

4.4.4 化工中试基地应当及时收集基地内中试项目的安全事故应急预案和现场处置方案，制定中试基地的安全事故应急预案，报属地应急管理部门备查。

4.4.5 中试基地应当建立应急救援组织机构，配备应急救援队伍及应急救援物资。根据自身安全风险类型和实际需求，可以依托或者配套建设医疗急救场所和气防站。

4.4.6 化工中试基地应当组织开展安全培训教育，定期组织应急预案的演练。

4.4.7 化工中试基地应当结合中试项目特点，按照国家法律法规和标准规范，以及污染排放标准、排污许可证技术规范、自行监测技术指南等要求进行环保管理。制定基地环境监测方案，对基地排污口及周边环境质量情况进行监测，记录和保存监测数据，依法向社会公开发布监测信息。

4.4.8 化工中试基地应当制定突发环境事件应急预案，配备应急救援队伍、装备和设施，储备必要的应急物资。

4.4.9 化工中试基地应当完善公共基础设施，保障中试项目的正常运行，与中试项目试验单位共同负责中试项目的运行管理工作，制定中试项目运行管理方案，做好中试项目的变更管理。

5 化工中试基地的认定与监管

5.1 化工中试基地的认定

拟申报中试基地的单位根据本文件所规定的中试基地建设要求，按中试项目所涉及的试验内容、运行管理要求，编制中试基地的建设运营方案，委托有资质单位编制安全评价报告和环境影响评价报告书(表)等必要材料。在自我评估的基础上，提交中试基地立项申请书及相关材料，由团体标准归口单位组织专家现场评审，形成评估意见，并报政府相关部门审核和综合评价。

5.2 化工中试基地的申报材料

化工中试基地申报应提交如下材料：

a) 企业营业执照、组织机构代码证、税务登记证、社会保险登记证和统计登记证；

b) 中试基地申请书；

c) 中试基地的建设运营方案；

d) 环境影响评价报告书(表)(若有)；

e) 安全评价报告(若有)；

f) 联合单位的合作协议(联合申报单位提供此材料)(若有)；

g) 中试基地公用工程、分析检测、专业化队伍等配套条件及明细表；

h) 中试基地各类运行管理制度清单；

i) 中试基地自评报告；

j) 其他。

5.3 化工中试基地的监管

5.3.1 经认定的化工中试基地，连续运行三年后应当复评。复评由化工中试基地提出申请并提交自查报告，由团体标准归口单位组织专家对中试基地进行现场检查评估。中试基地检查评估细则见附录A规定。

5.3.2 检查评估达到80分以上为合格，评估结果不合格的，应当根据评估意见进行整改，整改期限为三个月，到期后再次进行评估，再次评估未通过的，取消中试基地资格。

5.3.3 化工中试基地在运行周期内，每年应开展相应内容的自查和督查，自查由中试基地组织实施，督查由团体标准归口单位组织实施。

6 入驻化工中试基地的中试项目管理

6.1 项目准入

中试项目试验单位应当根据中试项目的可研报告，委托有资质的单位编制中试项目设计方案、安全评价报告、环境影响评价报告书(表)等必要材料，向拟入驻的化工中试基地提交中试项目准入申请书及相关材料。

6.2 安全生产

中试项目试验单位应当委托有资质的单位编制中试项目安全评价报告和安全设施设计专篇，并组织专家进行评审论证。涉及危险工艺的中试项目应当在安全评价之前进行化工反应安全风险评估，反应工艺危险度不应高于“3级”；涉及硝化、氯化、重氮化、过氧化工艺的中试项目还应当进行生产工艺全流程的化工反应安全风险评估，并以评估结果为依据，开展工艺设计及安全设施设计。安全评价报告、安全设施设计专篇及评审论证结果应向属地应急管理部门报备。

6.3 环境保护

中试项目试验单位应当委托有资质的单位编制环境影响评价报告书(表),报有审批权限的生态环境部门审批。中试项目试验单位利用原有中试设施、设备开展新的中试项目,致使原有环评文件所批复的试验内容及规模发生变化的,应当提前向中试基地管理部门报告,视变化情况确定是否另行办理环保手续,做好变更管理。

6.4 审查报备

化工中试基地对中试项目申报材料进行审查(或组织专家审查),审查内容包括中试项目类型、设计方案、安全条件、环境影响、合规建设、政策支持等。符合要求的,应向属地应急管理部门报备。

6.5 项目验收

中试项目投入运行前,试验单位应当对安全、环保等条件进行验收(或组织专家验收),不具备条件或存在重大隐患的不得投入使用。验收结果报中试基地管理部门并向属地应急管理部门报备。

6.6 项目终结

中试项目完成后,试验单位应当做好停车退料、设备清洗、物料处置等工作。

6.7 其他事项

化工中试基地内的中试项目与该基地内其他装置、建筑之间应当根据其性质及用途符合 GB 50016 的规定,还应当根据项目的不同危险程度,符合 GB 50160 和 GB 51283 等适用标准的有关规定。涉及建设永久性建构筑物的,应当按规定办理规划许可、施工许可、工程竣工验收等手续。

6.8 化工中试项目的申报材料

化工中试项目申报应提交如下材料:

a) 企业营业执照、组织机构代码证、税务登记证、社会保险登记证和统计登记证;
b) 中试项目准入申请书;
c) 中试项目设计方案;
d) 安全评价报告;
e) 环境影响评价报告书(表);
f) 小试研究报告和专家评审意见;
g) 联合单位的合作协议(联合申报单位提供此材料);
h) 中试项目运行管理方案;
i) 其他。

附　录　A

（规范性）

中试基地检查评估细则（100 分）

一级指标	二级指标	评　价　标　准	分　值
综合绩效（4 分）	项目入驻率	规划入驻与实际入驻比率	2 分
	项目孵化率	三年内成果转化数量与中试项目入驻数量	2 分
硬件设施（24 分）	中试场所	中试场所与申报时的状况未发生变化	2 分
		新增场所按要求完成安评、环评并已重新申报备案	2 分
	公用设施	水、电、汽、气供应正常，满足中试要求	2 分
	安全设施	特种设备合规检测、使用	2 分
		各类安全监测仪表运行正常	3 分
		消防设施正常、消防器材合格，数量符合要求	2 分
		装置内的防护设施完好	2 分
	环保设施	环保设施运行正常	2 分
		在线监测设备运行正常	3 分
	储存设施	原辅材料、中试产品、试验废弃物存放符合要求	2 分
		危化品仓库设施完好	2 分
规范管理（22 分）	机构及人员	中试基地有管理机构	2 分
		管理人员数量和专业能力符合要求（安全、环保、运行）	2 分
	管理制度及执行	中试基地管理制度齐全（重点：安全、环保、运行制度）	2 分
		严格执行各项制度	2 分
	中试项目管理	建立中试项目有管理制度	2 分
		对进中试基地的项目进行审核、建档	2 分
		与中试项目订立合同或协议	2 分
	运行协调及监督	建立中试基地与入驻中试项目方的协调机制	2 分
		对中试项目试验过程的安全环保监督	2 分
		对违规的处置及整改情况	2 分
	变更管理	变更有管理制度、有登记、有审核、有核查记录	2 分
	大数据管理	中试基地管理信息化（加分项）	不高于 10 分

续 表

一级指标	二级指标	评价标准	分值
安全生产（27分）	安全事故	三年内发生重大安全事故的，取消该中试基地	一票否决
		三年内发生政府部门挂牌督办的安全事故	3分
		三年内发生一般安全事故，或发生可记录安全事件	2分
	安全责任	与入驻中试基地的项目方签订安全协议，明确责任	2分
		安全协议的履行	2分
	安全检查	制定安全检查规范，定期或不定期开展安全检查	2分
		检查频次及内容，检查后的整改、回访	2分
	安全教育	中试基地的安全教育频次及内容	2分
		中试基地内的安全宣传与告示	2分
	应急能力	编制中试基地的应急预案并备案	2分
		应急演练的频次及内容	2分
		应急物资的储备	2分
	安全审计	每年由专业机构进行安全评估并整改消除安全隐患	2分
	危化品管理	危化品储存量符合规定	2分
环境保护（23分）	环保事故	三年内发生重大环境污染事故	一票否决
		三年内发生政府部门挂牌督办的环保事故	3分
		三年内有环保罚款	2分
	环保达标排放	污染物经处理后达标排放	2分
		三年内排放的污染因子增减情况及管理手续	3分
	污染物管理及处置	污染物管理制度及执行	2分
		污染物量的统计和合规处置	2分
	监督检查	对基地内的环境日常监测	3分
		对中试项目的排放抽测并监督整改	2分
	职业卫生	超声、粉尘的防护符合职业卫生管理规定	2分
	环保评价	每年由专业机构进行环境监测	2分

注：每一项评分原则：符合评分标准得满分，基本符合评分标准得70%的分，不符合评分标准得0分。

ICS 03.100.04
A 01

团 体 标 准

T/SHXCL 0020.3—2023

上海市新材料中试基地建设与管理 第3部分：金属材料

Construction and management of Shanghai new material pilot base
Part 3: Metallic materials

2023-09-25 发布 2023-10-30 实施

上海市新材料协会 发布

前　　言

T/SHXCL 0020《上海市新材料中试基地建设与管理》的结构及名称如下：

——第 1 部分：上海市新材料中试基地建设与管理　第 1 部分：通则

——第 2 部分：上海市新材料中试基地建设与管理　第 2 部分：化工

——第 3 部分：上海市新材料中试基地建设与管理　第 3 部分：金属材料

——第 4 部分：上海市新材料中试基地建设与管理　第 4 部分：无机非金属及其他材料

本文件按照 GB/T 1.1—2020《标准化工作导则　第 1 部分：标准化文件的结构和起草规则》的规定起草。

本文件是 T/SHXCL 0020《上海市新材料中试基地建设与管理》的第 3 部分。

本文件由上海市新材料协会提出并归口。

本文件起草单位：宝武特种冶金有限公司、上海大学材料科学与工程学院、上海交通大学材料科学与工程学院、上海一郎合金材料有限公司。

本文件主要起草人：郑芳、李晓冬、宋健、赵雅婷、刘丽、帅三三、张瑞、司周祥。

上海市新材料中试基地建设与管理
第3部分：金属材料

1 范围

本文件规定了上海市金属新材料（包括但不限于金属熔炼/成型、粉末冶金、增材制造、精密铸造等生产制造形式）中试基地建设与管理的基本要求、中试基地的认定与监管、入驻中试基地的中试项目管理。

本文件适用于上海市金属新材料（包括但不限于金属熔炼/成型、粉末冶金、增材制造、精密铸造等生产制造形式）中试基地建设和管理。

2 规范性引用文件

下列文件中的内容通过文中的规范性引用而构成本文件必不可少的条款。其中，凡注日期的引用文件，仅该日期对应的版本适用于本文件；不注日期的引用文件，其最新版本（包括所有的修改单）适用于本文件。

GB 12348 工业企业厂界环境噪声排放标准

GB 18597 危险废物贮存污染控制标准

GB 18599 一般工业固体废物贮存和填埋污染控制标准

GB 50016 建筑设计防火规范

GB/T 50087 工业企业噪声控制设计规范

GB 50140 建筑灭火器配置设计规范

GB 50187 工业企业总平面设计规范

GB 50414 钢铁冶金企业设计防火标准

GB 50544 有色金属工业总图规划及运输设计标准

GB 50603 钢铁企业总图运输设计规范

GB 50630 有色金属工程设计防火规范

GB 50974 消防给水及消火栓系统技术规范

GB 55036 消防设施通用规范

GB 55037 建筑防火通用规范

AQ 2001 炼钢安全规程

T/SHXCL 0020.1 上海市新材料中试基地建设与管理 第1部分：通则

3 术语和定义

T/SHXCL 0020.1界定的以及以下术语和定义适用于本文件。

3.1

金属材料 metal material

金属元素或以金属元素为主构成的具有金属特性的材料的统称，金属材料通常分为黑色金属、有色金属和特种金属材料。

a) 黑色金属，又称钢铁材料，包括含铁90%以上的工业纯铁，含碳2%～4%的铸铁，含碳小于2%的碳钢，以及各种用途的结构钢、不锈钢、耐热钢、高温合金和精密合金等。广义的黑色金属还包括铬、锰及其合金。

b) 有色金属是指除铁、铬、锰以外的所有金属及其合金，通常分为轻金属、重金属、贵金属、半金属、稀有金属和稀土金属等。

c) 特种金属材料包括不同用途的结构金属材料和功能金属材料。其中，有通过快速冷凝工艺获得的非晶态金属材料，以及准晶、微晶、纳米晶金属材料等；还有具有隐身、抗氢、超导、形状记忆、耐磨、减振阻尼等特殊功能的合金以及金属基复合材料等。

3.2

粉末冶金　powder metallurgy，sinter metals，powdered metals

粉末冶金包括金属粉末的制取，以及通过成型和烧结将金属粉末与(或不与)非金属粉末添加剂的混合物制成制品。

3.3

增材制造　additive manufacturing

增材制造指的是以三维模型数据为基础，通过材料堆积的方式制造零件和实物的工艺。

3.4

精密铸造　precision casting

精密铸造指的是获得精准尺寸铸件的工艺总称。精密铸造获得的铸件尺寸接近于零件的最后形状，可不加工或很少加工就直接使用，是一种近净成形的先进工艺。

4　基本要求

4.1　中试基地的建设要求

中试基地的建设应符合如下要求：

a) 中试基地的建设应当遵循GB 50187的规定，基地的选址和区域环境应符合试验工艺的要求，基地内外部安全生产条件良好。其中，钢铁材料中试基地还应符合GB 50603的规定，有色金属中试基地应符合GB 50544的规定。

b) 中试基地应当根据试验性质分类，结合地区产业导向，选择不同区域建设并符合相关文件要求。

c) 中试基地建设项目应当按照固定资产投资项目的管理规定办理有关报建审批手续。如需建设熔铸、电镀、酸洗等装备，须事先经过相关评审。

d) 中试基地应当符合环境保护、安全卫生、文物保护、交通运输及消防应急救援等方面的规定。

e) 中试基地应当远离环境敏感地区，具有方便的外部交通运输条件。

f) 中试基地应当具有满足试验所必需的水源、电源以及相关的配套设施，集中的公用工程及辅助试验设施、安全、消防、环保设施。

g) 中试基地试验装置区域内不得有地区性架空电力线路穿越，基地内的排洪沟不宜通过试验装置区，当受条件限制确需通过时，应做安全评估。

h) 中试基地与周边企业及设施的防火间距应当满足GB 55037的相关规定。其中，钢铁材料中试基地还应符合GB 50414的规定，有色金属中试基地应符合GB 50630的规定。

i) 中试基地对外的卫生防护距离，应符合国家现行标准规范的有关规定。

j) 对中试装置的安全距离有特殊要求的相邻工厂、港区、仓库和堆场、军事设施、机场、地区输油和输气管道，通航江、河、海岸边等应按有关规定执行。

4.2 中试基地的安全消防要求

中试基地的安全消防应符合如下要求：

a) 中试基地安全设施应当与主体工程同时设计、同时施工和同时投入运行，并应当符合安全评价报告和安全设施设计专篇及其批复文件要求。
b) 中试基地应当实施封闭管理，建立完善的门禁系统和视频监控系统，严格控制人员、危险化学品车辆进入基地。鼓励运用物联网技术对危险化学品车辆进行实时监控。
c) 中试基地应根据基地内的生产工艺、技术、装备、设施等，按 AQ 2001 等有关规定对生产过程存在的主要危险因素进行识别，提出控制措施。
d) 消防用水水源可由园区（市政）给水管网以及基地自备水源等供给，并符合 GB 50974 的规定。
e) 消防给水系统及灭火设施等设计应根据中试基地的建筑类型、试验（储存）类别和火灾危险特性等因素确定。
f) 中试基地的消防设计，以及自动喷水灭火系统、泡沫灭火系统、固定消防冷却水系统、气体灭火系统等设置，应符合 GB 50016、GB 50140、GB 55036 等的规定。其中，钢铁材料中试基地还应符合 GB 50414 的规定，有色金属中试基地应符合 GB 50630 的规定。

4.3 中试基地的环境保护和职业卫生要求

中试基地的环境保护和职业卫生应符合如下要求：

a) 中试基地环境保护设施应当与主体工程同时设计、同时施工和同时投入运行，并应当符合环境影响评价报告书（表）的要求。开工建设前，办理环境影响评价手续并获得审批；实际排污前，申领排污许可证；竣工后，自主完成竣工环境保护验收。
b) 中试基地应当采用“清污分流、雨污分流”，实现废水分类收集、分质处理，配套建设基地污水处理站，各中试项目产生的废水达到基地污水处理站接管要求后通过专用管道排入基地污水处理站进行处理。
c) 中试基地的噪声应符合 GB 12348 的规定，噪声控制设计应当符合 GB/T 50087 的规定。
d) 中试基地应当建立环境监测制度并实行统一管理。
e) 中试基地内工业固体废物应当分类收集、规范暂存、合规处置；固体废物的贮存与处置应当符合 GB 18599、GB 18597 等的相关规定。在固体废物的收集、贮存、运输或处置过程中如有二次污染物产生，应采取相应的防治措施。

4.4 中试基地的管理要求

4.4.1 中试基地的建设以法人为主体，由独立法人单位实施建设、负责运行管理，建立运行和管理体系，配备安全生产、环境保护、装置运维、工艺管理等专业化运营管理团队，制定管理制度。

4.4.2 中试基地应建立中试项目的进入审核制度，对进入基地的中试项目进行审核并向属地应急管理部门报备。

4.4.3 中试基地应根据基地内的中试项目制定相应的安全事故应急预案，向属地应急管理部门报备。配备应急救援队伍、装备和设施，储备必要的应急物资，对基地内的安全运行进行监管。

4.4.4 中试基地应结合中试基地项目特点制定环境监测方案，对基地排污口及周边环境质量情况进行监测，记录和保存监测数据，依法向社会公开发布监测信息。

4.4.5 中试基地应当完善公共基础设施，保障中试项目的正常运行。建立中试项目的运行、评价、退出机制，与中试项目试验单位共同负责中试项目的运行管理工作，制定中试项目运行管理方案。

5 中试基地的认定与监管

5.1 中试基地的认定

申报单位根据本文件所规定的中试基地建设要求，按中试项目所涉及的试验内容、运行管理要求，编制中试基地的建设运营方案。有安全评价和环境评价要求的，还应当委托有资质的单位编制安全评价报告和环境影响评价报告书（表）等必要材料。在自我评估的基础上，提交中试基地立项申请书及相关材料，由团体标准归口单位组织专家现场评审，形成评估意见，并报政府相关部门审核和综合评价。

5.2 中试基地的申报材料

中试基地的申报材料至少应包括：

a）企业营业执照、组织机构代码证、税务登记证、社会保险登记证和统计登记证；

b）中试基地的项目立项申请书；

c）中试基地的建设运营方案；

d）中试基地的安全评价报告（若有）；

e）中试基地的环境影响评价报告书（表）（若有）；

f）中试基地和中试项目联合单位的合作协议（联合申报单位提供此材料）（若有）；

g）中试基地的现有公用工程、分析检测、专业化队伍等配套条件及明细表；

h）中试基地的各类运行管理制度清单；

i）中试基地自评报告；

j）其他。

5.3 中试基地的监管

5.3.1 经认定的中试基地，连续运行三年后应当复评。复评由中试基地提出申请并提交自查报告，由团体标准归口单位组织专家对中试基地进行现场检查评估，中试基地检查评估细则见附录A规定。

5.3.2 评估结果不合格的中试基地，应当根据评估意见进行整改，整改期限为三个月，到期后再次进行评估，再次评估未通过的，取消中试基地资格。

5.3.3 中试基地在运行周期内，每年应开展相应内容的自查和督查，自查由中试基地组织实施，督查由团体标准归口单位组织实施。

6 入驻中试基地的中试项目管理

6.1 项目准入

中试项目试验单位应当根据中试项目的可研报告，委托有资质的单位编制中试项目设计方案、安全评价报告、环境影响评价报告书（表）等必要材料，向拟入驻的中试基地提交中试项目准入申请书及相关材料。

6.2 安全生产

中试项目试验单位应当委托有资质单位编制中试项目安全评价报告和安全设施设计专篇，并组织专家进行评审论证，安全评价报告、安全设施设计专篇及评审论证结果向属地应急管理部门报备。

6.3 环境保护

中试项目试验单位应当依法依规编制环境影响评价文件，报有审批权限的生态环境部门审批。中试项目试验单位利用原有中试设施、设备开展新的中试项目，致使原有环评文件所批复的试验内容及规模发生变化的，应当提前报中试基地管理部门，视变化情况确定是否另行办理环保手续，做好变更管理。

6.4 审查备案

中试基地对申报材料进行审查(或组织专家审查)，审查内容包括中试项目类型、设计方案、安全条件、环境影响、合规建设、政策支持等。符合要求的，应向属地应急管理部门报备。

6.5 项目验收

中试基地内的中试项目投入运行前，中试项目试验单位应当对安全、环保等条件进行验收(或组织专家验收)，不具备条件或存在重大隐患的不得投入使用。验收结果报中试基地管理部门并向属地应急管理部门报备。

6.6 项目终结

中试项目完成后，试验单位应当做好停车退料、设备清洗、物料处置等工作。

6.7 其他事项

中试基地内的中试项目与该基地内其他装置、建筑之间应当根据其性质及用途符合 GB 50016 的规定。涉及建设永久性建构筑物的，应当按规定办理规划许可、施工许可、工程竣工验收等手续。

6.8 中试项目的申报材料

中试项目的申报材料至少应包括：

a) 企业营业执照、组织机构代码证、税务登记证、社会保险登记证和统计登记证；

b) 中试项目准入申请书；

c) 中试项目设计方案；

d) 安全评价报告；

e) 环境影响评价报告书(表)；

f) 小试研究报告和专家评审意见；

g) 联合单位的合作协议(联合申报单位提供此材料)；

h) 中试项目运行管理方案；

i) 其他。

附 录 A

（规范性）

中试基地考核评分细则（100 分）

一级指标	二级指标	评 价 标 准	分 值
综合绩效（4 分）	项目入驻率	规划入驻与实际入驻比率	2 分
	项目孵化率	三年内成果转化数量与中试项目入驻数量	2 分
硬件设施（24 分）	中试场所	中试场所与申报时的状况未发生变化	2 分
		新增场所按要求完成安评、环评并已重新申报备案	2 分
	公用设施	水、电、汽、气供应正常，满足中试要求	2 分
	安全设施	特种设备合规检测、使用	2 分
		各类安全监测仪表运行正常	3 分
		消防设施正常、消防器材合格，数量符合要求	2 分
		装置内的防护设施完好	2 分
	环保设施	环保设施运行正常	2 分
		在线监测设备运行正常	3 分
	储存设施	原辅材料、中试产品、试验废弃物存放符合要求	2 分
		危化品仓库设施完好	2 分
	特色服务设施	具备项目路演、展示、培训等空间，具备产品相关分析检测等特色服务	不高于 10 分的加分
规范管理（22 分）	机构及人员	中试基地有管理机构	2 分
		管理人员数量和专业能力符合要求（安全、环保、运行）	2 分
	管理制度及执行	中试基地管理制度齐全（重点：安全、环保、运行制度）	2 分
		严格执行各项制度	2 分
	中试项目管理	建立中试项目有管理制度	2 分
		对进中试基地的项目进行审核、建档	2 分
		与中试项目订立合同或协议	2 分
	运行协调及监督	建立中试基地与入驻中试项目方的协调机制	2 分
		对中试项目试验过程的安全环保监督	2 分
		对违规的处置及整改情况	2 分
	变更管理	变更有管理制度、有登记、有审核、有核查记录	2 分
	大数据管理	中试基地管理信息化	不高于 10 分的加分

续 表

一级指标	二级指标	评 价 标 准	分 值
安全生产（27 分）	安全事故	三年内发生重大安全事故的，取消该中试基地	一票否决
		三年内发生政府部门挂牌督办的安全事故	3 分
		三年内发生一般安全事故，或发生可记录安全事件	2 分
	安全责任	与入驻中试基地的项目方签订安全协议，明确责任	2 分
		安全协议的履行	2 分
	安全检查	制定安全检查规范，定期或不定期开展安全检查	2 分
		检查频次及内容，检查后的整改、回访	2 分
	安全教育	中试基地的安全教育频次及内容	2 分
		中试基地内的安全宣传与告示	2 分
	应急能力	编制中试基地的应急预案并备案	2 分
		应急演练的频次及内容	2 分
		应急物资的储备	2 分
	安全审计	每年由专业机构进行安全评估并整改消除安全隐患	2 分
	危化品管理	危化品储存量符合规定	2 分
环境保护（23 分）	环保事故	三年内发生重大环境污染事故	一票否决
		三年内发生政府部门挂牌督办的环保事故	3 分
		三年内有环保罚款	2 分
	环保达标排放	污染物经处理后达标排放	2 分
		三年内排放的污染因子增减情况及管理手续	3 分
	污染物管理及处置	污染物管理制度及执行	2 分
		污染物量的统计和合规处置	2 分
	监督检查	对基地内的环境日常监测	3 分
		对中试项目的排放抽测并监督整改	2 分
	职业卫生	超声、粉尘的防护符合职业卫生管理规定	2 分
	环保评价	每年由专业机构进行环境监测	2 分

注：每一项评分原则：符合评分标准得满分，基本符合评分标准得 70％的分，不符合评分标准得 0 分。

ICS 03.100.04
A 01

团 体 标 准

T/SHXCL 0020.4—2023

上海市新材料中试基地建设与管理 第4部分：无机非金属及其他材料

Construction and management of Shanghai new material pilot base
Part 4: Inorganic non-metals and other materials

2023-09-25 发布 2023-10-30 实施

上海市新材料协会 发布

前　　言

T/SHXCL 0020《上海市新材料中试基地建设与管理》的结构及名称如下：

——第1部分：上海市新材料中试基地建设与管理　第1部分：通则

——第2部分：上海市新材料中试基地建设与管理　第2部分：化工

——第3部分：上海市新材料中试基地建设与管理　第3部分：金属材料

——第4部分：上海市新材料中试基地建设与管理　第4部分：无机非金属及其他材料

本文件按照GB/T 1.1—2020《标准化工作导则　第1部分：标准化文件的结构和起草规则》的规定起草。

本文件是T/SHXCL 0020《上海市新材料中试基地建设与管理》的第4部分。

本文件由上海市新材料协会提出并归口。

本文件起草单位：上海超碳石墨烯产业技术有限公司、中国科学院上海硅酸盐研究所、上海金发科技发展有限公司、凯赛（上海）生物科技有限公司、上海华峰新材料研发科技有限公司。

本文件主要起草人：李凤仙、赵珊珊、韩金铎、雷长安、杨晨、崔燕军。

上海市新材料中试基地建设与管理 第4部分 无机非金属及其他材料

1 范围

本文件规定了上海市无机非金属及其他新材料中试基地建设与管理的基本要求、中试基地的认定与监管、入驻中试基地的中试项目管理。

本文件适用于上海市无机非金属及其他新材料中试基地建设与管理。

2 规范性引用文件

下列文件中的内容通过文中的规范性引用而构成本文件必不可少的条款。其中,注日期的引用文件,仅该日期对应的版本适用于本文件;不注日期的引用文件,其最新版本(包括所有的修改单)适用于本文件。

GB 4287 纺织染整工业水污染物排放标准

GB 8978 污水综合排放标准

GB 12348 工业企业厂界环境噪声排放标准

GB 15562.2 环境保护图形标志—固体废物贮存(处置)场

GB 18597 危险废物贮存污染控制标准

GB 18599 一般工业固体废物贮存和填埋污染控制标准

GB 21900 电镀污染物排放标准

GB 25464 陶瓷工业污染物排放标准

GB 50016 建筑设计防火规范

GB/T 50087 工业企业噪声控制设计规范

GB 50140 建筑灭火器配置设计规范

GB 50187 工业企业总平面设计规范

GB 50974 消防给水及消火栓系统技术规范

DB 31/199 污水综合排放标准

DB 31/T 329.2 重点单位重要部位安全技术防范系统要求 第2部分:危险化学品、放射性同位素集中存放场所

T/SHXCL 0020.1 上海市新材料中试基地建设与管理 第1部分:通则

3 术语和定义

T/SHXCL 0020.1 界定的以及以下术语和定义适用于本文件。

3.1

无机非金属及其他材料中试 inorganic non-metallic and other materials pilot test

为验证无机非金属及其他材料领域的新产品、新工艺、新技术在实验室试验成功后、大规模量产前,

其连续性生产工艺技术的可行性、稳定性和安全性，探索解决工业化规模生产关键技术而进行的科学研究活动。

3.2

无机非金属及其他材料中试项目　pilot project of inorganic non-metallic and other materials

为开展无机非金属及其他材料中试研究而建设的完整工艺过程装置，包括必要的建构筑物、工艺操作单元、水电气分配系统、自动控制和安全联锁系统、环保治理等设施。

3.3

无机非金属及其他材料中试基地　inorganic non-metallic and other materials pilot base

为无机非金属及其他材料中试项目提供试验场地和条件，进行一定规模验证性、工程化研究的科研性生产场所，包括中试装置、技术和产品性能指标检测共享平台、一定规模生产厂房（场地）、符合专业要求的储存设施、水电气等公用工程设施及环保集中处理设施等。

4　基本要求

4.1　无机非金属及其他材料中试基地的建设要求

无机非金属及其他材料中试基地的建设应符合如下要求：

a) 无机非金属及其他材料中试基地的建设应当遵循 GB 50187 的规定，基地的选址和区域环境符合试验工艺要求，基地内外部安全生产条件良好。

b) 无机非金属及其他材料中试基地选址应根据试验性质分类，结合地区产业导向，选择不同区域建设并符合相关文件要求。

c) 无机非金属及其他材料中试基地建设项目应当按照固定资产投资项目的管理规定办理有关报建审批手续。

d) 无机非金属及其他材料中试基地应当符合环境保护、安全卫生、文物保护、交通运输及消防应急救援等方面的规定。

e) 无机非金属及其他材料中试基地应当远离环境敏感地区，具有方便的外部交通运输条件。

f) 无机非金属及其他材料中试基地应当具备满足试验发展所必需的水、电等配套设施，集中的公用工程及辅助试验设施、安全、消防、环保设施。

g) 无机非金属及其他材料中试基地应根据涉及的中试项目考虑特种装备、特殊工艺等对场地的承重、层高、防震、用电、粉体沉淀池等要求。

h) 中试基地试验装置区域内不得有地区性架空电力线路穿越，基地内的排洪沟不宜通过试验装置区，当受条件限制确需通过时，应做安全评估。

i) 无机非金属及其他材料中试基地与周边企业及设施的防火间距应当遵循 GB 50016 的规定。

j) 无机非金属及其他材料中试基地对外的卫生防护距离，应符合国家现行标准规范的有关规定。

k) 对中试装置的安全距离有特殊要求的相邻工厂、港区、仓库和堆场、军事设施、机场、地区输油和输气管道，通航江、河、海岸边等应按有关规定执行。

4.2　无机非金属及其他材料中试基地的安全消防要求

无机非金属及其他材料中试基地的安全消防应符合如下要求：

a) 无机非金属及其他材料中试基地安全设施应当与主体工程同时设计、同时施工和同时投入运行。

b) 无机非金属及其他材料中试基地应当建立完善的安全消防管理体系，建立门禁系统和视频监控系统。

c) 无机非金属及其他材料中试基地应当建立可燃有毒气体监测设施和火灾报警设施并实行统一管理。

d) 无机非金属及其他材料中试基地消防用水水源可由园区（市政）给水管网或基地自备水源等供给，并符合 GB 50974 的规定。消防给水系统及灭火设施等设计应根据中试基地的建筑类型、试验（储存）类别和火灾危险特性等因素确定。

e) 无机非金属及其他材料的灭火器设置、自动喷水灭火系统、泡沫灭火系统、固定消防冷却水系统、气体灭火系统等设置应当符合 GB 50016、GB 50140 的相关规定。

f) 无机非金属及其他材料中试基地应当根据使用的化学品性质建有相应资质的储存设施，对危险化学品实行统一管理。中试基地化学试剂存放场所应符合 DB31/T 329.2 的规定。

g) 无机非金属及其他材料中试基地应当根据风险特点和标准规范的适用范围，选取适用的其他标准规范。

4.3 无机非金属及其他材料中试基地的环境保护和职业卫生要求

无机非金属及其他材料中试基地的环境保护和职业卫生应符合如下要求：

a) 无机非金属及其他材料中试基地应建立完善的环境保护设施，与主体工程同时设计、同时施工和同时投入运行，并符合环境影响评价报告书（表）的要求。开工建设前，办理环境影响评价手续并获得审批；实际排污前，申领排污许可证；竣工后，自主完成竣工环境保护验收。

b) 无机非金属及其他材料中试基地应建立相应处理设施，实现废水分类收集、分质处理，各中试项目产生的废水排放应符合 GB 8978 和 DB 31/199 的规定。

c) 无机非金属及其他材料中试基地涉及电镀工艺技术的，须遵循 GB 21900 的规定。

d) 无机非金属及其他材料中试基地涉及陶瓷工艺技术的，须遵循 GB 25464 的规定。

e) 无机非金属及其他材料中试基地涉及纺织工艺技术的，须遵循 GB 4287 的规定。

f) 无机非金属及其他材料中试基地的噪声应当符合 GB 12348 的规定，噪声控制设计应当符合 GB/T 50087 的规定。

g) 无机非金属及其他材料中试基地内工业固体废物应当分类收集、规范暂存、合规处置；固体废物的贮存与处置应当符合 GB 18599、GB 18597 等规定。在固体废物的收集、贮存、运输或处置过程中如有二次污染物产生，应采取相应的防治措施。

h) 无机非金属及其他材料中试基地涉及危险废弃物的需遵循《中华人民共和国固体废物污染环境防治法》《废弃危险化学品污染环境防治办法》和 GB 15562.2 等规定。

4.4 无机非金属及其他材料中试基地的管理要求

4.4.1 无机非金属及其他材料中试基地建设应当以法人单位为主体，实施建设、负责运行管理，建立运行和管理体系，配备安全生产、环境保护、装置运维等专业化运营管理服务团队，制定管理制度。

4.4.2 无机非金属及其他材料中试基地应当对进入基地的中试项目组织审核并按规定报属地应急管理部门备案。

4.4.3 无机非金属及其他材料中试基地应当根据基地内的中试项目制定相应的安全事故应急预案，向属地应急管理部门报备，并定期组织演练。建立应急救援组织机构，对基地内的安全运行进行监管。

4.4.4 无机非金属及其他材料中试基地应当结合中试项目特点，按照国家和上海市的法律法规和标准规范，制定基地环境监测方案，对基地排污口及周边环境质量情况进行监测，记录和保存监测数据，依法向社会公开发布监测信息。

4.4.5 无机非金属及其他材料中试基地应当制定突发环境事件应急预案，配备应急救援队伍、装备和设施，储备必要的应急物资。

4.4.6 无机非金属及其他材料中试基地应当完善公共基础设施，与中试项目单位共同负责中试项目的运行管理，制定中试项目的运行管理方案。

5 无机非金属及其他材料中试基地的认定与监管

5.1 无机非金属及其他材料中试基地认定

拟申报单位根据本文件所规定的建设要求，按中试项目所涉及的试验内容、运行管理要求，编制中试基地的建设运营方案。有安全评价和环境评价要求的，还应当委托有资质单位编制环境影响评价报告书(表)、安全评价报告等必要材料。提交中试基地立项申请书及相关材料，由团体标准归口单位组织专家现场评审，形成评估意见，并报政府相关部门审核和综合评价。

5.2 无机非金属及其他材料中试基地申报材料

无机非金属及其他材料中试基地申报应提交如下材料：

a) 企业营业执照、组织机构代码证、税务登记证、社会保险登记证和统计登记证；
b) 中试基地申请书；
c) 中试基地的建设运营方案；
d) 环境影响评价报告书(表)(若有)；
e) 安全评价报告(若有)；
f) 联合单位的合作协议(联合申报单位提供此材料)(若有)；
g) 中试基地现有公用工程、分析检测、专业化队伍等配套条件及明细表；
h) 中试基地运行各类管理制度；
i) 中试基地自评报告；
j) 其他。

5.3 无机非金属及其他材料中试基地监管

5.3.1 经认定的无机非金属及其他材料中试基地有效期为3年，3年后应当申请复评。复评由中试基地提出申请并提交自查报告，由团体标准归口单位组织专家对中试基地进行现场检查评估。中试基地检查评估细则见附录A规定。

5.3.2 评估结果不合格的中试基地，应当根据评估意见进行整改，整改期限为三个月，到期后再次进行评估，再次评估未通过的，取消中试基地资格。

5.3.3 中试基地在运行周期内，每年应开展相应内容的自查和督查，自查由中试基地组织实施，督查由团体标准归口单位组织实施。

6 入驻无机非金属及其他材料中试基地的中试项目管理

6.1 项目准入

中试项目试验单位应当根据中试项目的可研报告，委托有资质的单位编制中试项目设计方案、安全评价报告、环境影响评价报告书(表)等必要材料，向拟入驻的中试基地提交中试项目准入申请书及相关材料。

6.2 安全生产

中试项目试验单位应当委托有资质的单位编制中试项目安全评价报告和安全设施设计专篇，并组织专家进行评审论证，安全评价报告、安全设施设计专篇及评审论证结果向属地应急管理部门报备。

6.3 环境保护

中试项目试验单位应当委托有资质的单位编制环境影响评价报告书(表),报有审批权限的生态环境部门审批。中试项目试验单位利用原有中试设施、设备开展新的中试项目,致使原有环评文件所批复的建设内容及规模发生变化的,应当提前报中试基地管理部门,视变化情况确定是否另行办理环保手续,做好变更管理。

6.4 审查报备

中试基地应对申报材料进行审查(或组织专家审查),审查内容包括中试项目类型、设计方案、安全条件、环境影响、合规建设、政策支持等。符合要求的,应向属地应急管理部门报备。

6.5 项目验收

中试基地内的中试项目投入运行前,中试项目试验单位应当对安全、环保等条件进行验收(或组织专家验收),不具备条件或存在重大隐患的不得投入使用。验收结果报中试基地并向属地应急管理部门报备。

6.6 项目终结

中试项目完成后,试验单位应当做好停车退料、设备清洗、物料处置等工作。

6.7 其他事项

中试基地内的中试项目与该基地内其他装置、建筑之间应当根据其性质及用途符合 GB 50016 的规定。涉及建设永久性建构筑物的,应当按规定办理规划许可、施工许可、工程竣工验收等手续。

6.8 中试项目的申报材料

中试项目申报应提交如下材料:

a) 中试项目主体单位营业执照;
b) 中试项目准入申请书;
c) 中试项目设计方案;
d) 中试项目安全评价报告;
e) 中试项目环境影响评价报告书(表);
f) 小试研究报告和专家评审意见;
g) 联合单位的合作协议(联合申报单位提供此材料);
h) 中试项目运行管理方案;
i) 其他。

附　录　A

(规范性)

中试基地考核评分细则(100分)

一级指标	二级指标	评　价　标　准	分　值
综合绩效(4分)	项目入驻率	规划入驻与实际入驻比率	2分
	项目孵化率	三年内成果转化数量与中试项目入驻数量	2分
硬件设施(24分)	中试场所	中试场所与申报时的状况未发生变化	2分
		新增场所按要求完成安评、环评并已重新申报备案	2分
	公用设施	水、电、汽、气供应正常,满足中试要求	2分
	安全设施	特种设备合规检测、使用	2分
		各类安全监测仪表运行正常	3分
		消防设施正常、消防器材合格,数量符合要求	2分
		装置内的防护设施完好	2分
	环保设施	环保设施运行正常	2分
		在线监测设备运行正常	3分
	储存设施	原辅材料、中试产品、试验废弃物存放符合要求	2分
		危化品仓库设施完好	2分
	特色服务设施	具备项目路演、展示、培训等空间,具备产品相关分析检测等特色服务	不高于10分的加分
规范管理(22分)	机构及人员	中试基地有管理机构	2分
		管理人员数量和专业能力符合要求(安全、环保、运行)	2分
	管理制度及执行	中试基地管理制度齐全(重点：安全、环保、运行制度)	2分
		严格执行各项制度	2分
	中试项目管理	建立中试项目有管理制度	2分
		对进中试基地的项目进行审核、建档	2分
		与中试项目订立合同或协议	2分
	运行协调及监督	建立中试基地与入驻中试项目方的协调机制	2分
		对中试项目试验过程的安全环保监督	2分
		对违规的处置及整改情况	2分
	变更管理	变更有管理制度、有登记、有审核、有核查记录	2分
	大数据管理	中试基地管理信息化	不高于10分的加分

续 表

一级指标	二级指标	评 价 标 准	分 值
安全生产（27分）	安全事故	三年内发生重大安全事故的，取消该中试基地	一票否决
		三年内发生政府部门挂牌督办的安全事故	3分
		三年内发生一般安全事故，或发生可记录安全事件	2分
	安全责任	与入驻中试基地的项目方签订安全协议，明确责任	2分
		安全协议的履行	2分
	安全检查	制定安全检查规范，定期或不定期开展安全检查	2分
		检查频次及内容，检查后的整改、回访	2分
	安全教育	中试基地的安全教育频次及内容	2分
		中试基地内的安全宣传与告示	2分
	应急能力	编制中试基地的应急预案并备案	2分
		应急演练的频次及内容	2分
		应急物资的储备	2分
	安全审计	每年由专业机构进行安全评估并整改消除安全隐患	2分
	危化品管理	危化品储存量符合规定	2分
环境保护（23分）	环保事故	三年内发生重大环境污染事故	一票否决
		三年内发生政府部门挂牌督办的环保事故	3分
		三年内有环保罚款	2分
	环保达标排放	污染物经处理后达标排放	2分
		三年内排放的污染因子增减情况及管理手续	3分
	污染物管理及处置	污染物管理制度及执行	2分
		污染物量的统计和合规处置	2分
	监督检查	对基地内的环境日常监测	3分
		对中试项目的排放抽测并监督整改	2分
	职业卫生	超声、粉尘的防护符合职业卫生管理规定	2分
	环保评价	每年由专业机构进行环境监测	2分

注：每一项评分原则：符合评分标准得满分，基本符合评分标准得70%的分，不符合评分标准得0分。